U0352782

经略临近空间

大国战略竞争的新制高点

丰松江◎著

时事出版社
北京

图书在版编目（CIP）数据

经略临近空间——大国战略竞争的新制高点/丰松江著.
—北京：时事出版社，2019.6（2022.8重印）
ISBN 978-7-5195-0316-1

Ⅰ.①经… Ⅱ.①丰… Ⅲ.①航天安全—研究—中国
②国家安全—研究—中国 Ⅳ.①V528②D631

中国版本图书馆 CIP 数据核字（2019）第 061050 号

出 版 发 行：时事出版社
地　　　　址：北京市海淀区彰化路 138 号西荣阁 B 座 G2 层
邮　　　　编：100097
发 行 热 线：(010) 88869831　88869832
传　　　　真：(010) 88869875
电 子 邮 箱：shishichubanshe@ sina. com
网　　　　址：www. shishishe. com
印　　　　刷：北京建宏印刷有限公司

开本：787×1092　1/16　印张：12.25　字数：173 千字
2019 年 6 月第 1 版　　2022 年 8 月第 4 次印刷
定价：75.00 元
（如有印装质量问题，请与本社发行部联系调换）

目 录

引　言

历史实践反复证明，凡是那些最有效地从人类活动的一个领域迈向另一个领域的国家，总能获得巨大的战略竞争优势。成功经略海洋，造就了曾经辉煌一时的"日不落帝国"英国；成功经略太空和网络空间，确立了美国在这两个领域至今仍难以撼动的"霸主"地位。相反，清朝政府闭关锁国，忽视海上威胁，是造成鸦片战争以来中国饱受他国欺凌的重要原因之一；苏联在美苏争霸中落败，与其错失网络空间发展战略机遇不无关系。因此，只有站位高、见事早、动手快，高度关注和深度经略新空间新领域，才能在大国战略竞争中力避被动、争取主动，有力维护国家主权完整和促进国家利益拓展。

介于传统航空空间与航天空间（太空）之间的临近空间，从高度上看是"陆、海、空、天"之外的唯一自然空间，是人类活动的新空间和国家安全的新疆域。临近空间蕴藏着高高空长航时信息服务、远程机动快速投送以及上可制天、下可制空/制地/制海/制信息等巨大军用、民用战略价值，已成为大国战略竞争的新制高点。随着人类逐渐进入临近空间，临近空间将深刻影响经济社会发展、国防和军队建设、世界和平与发展。人类对临近空间的探索和利用，不仅可造福于人类社会，为人类带来巨大的经济和社会效益，成为经济与社会发展的新支柱，促进人类文明高度发展，也有可能催生临近空间军事化、武器化、竞争化，成为未来战争的新战场，影响世界的和平与稳定。

当前，空天冷战、霸权思维威胁空天安全，国家安全最严重的威胁也多来自空天。作为空天之间的中间层，临近空间国际博弈已系统性展开，世界正处于临近空间大规模开发应用的前夜，各国经略临近空间面临机遇但更充满挑战。共同维护世界和平与发展，既是时代的潮流，也是当今世界共同的愿望。党的十九大报告，在完善国家安全战略、统筹推进新型安全领域军事斗争准备、加快建设创新型国家、推动建设合作共赢的新型国际关系等方面进行了战略设计，为深远经略临近空间指明了方向、提供了遵循。从战略高度和长远角度深远经略临近空间，具备保障临近空间安全能力，保护临近空间利益不受威胁，确保临近空间力量合理发展与体系运用不受妨碍，使临近空间处在于中国和世界有利的和平稳定态势，关乎中华民族永续发展，关乎世界和平与人类福祉。

理论研究贵在创新中承上启下接地气。本书以学习贯彻总体国家安全观精神为主线，紧紧围绕经略临近空间这一人类活动的新领域、国家安全的新疆域、大国战略竞争的新制高点开展战略谋划研究，希望能系统地、深刻地回答相关问题，为抢抓战略机遇、领跑临近空间尽份力量。同时，也希望临近空间能受到更广泛更深刻的关注，因为只有大家有了共同的理想和目标，心往一处想、劲往一处使，同心同德地干，才能真正地推动在临近空间这一新赛场发挥后发优势并早日制胜。当然，由于笔者才疏学浅，不足之处恳请读者指正。

第一章　以总体国家安全观引领
新型领域安全

国家安全乃安邦定国的重要基石。国家安全为人民，国家安全靠人民。国家兴亡，匹夫有责。维护国家安全是一个国家全体人民根本利益之所在。制定和实施正确的国家安全战略，凝聚人心、汇聚力量，是确保国家长治久安、实现和平发展和伟大复兴的重要保证。2014年4月，习近平主持召开中央国家安全委员会第一次会议时提出，要准确把握国家安全形势变化的新特点新趋势，坚持总体国家安全观，走出一条具有中国特色的国家安全道路。2017年10月，在中国共产党第十九次全国代表大会上，总体国家安全观的思想得到进一步升华，成为习近平新时代中国特色社会主义思想的重要内容，成为发展中国特色社会主义14个基本方略之一。[1]

学习贯彻总体国家安全观，关键是要深入理解其新思想新论断新要求，着力把握其中体现的思维方法和工作方法，不断增强维护国家安全的能力本领并在本职岗位上付诸实践。笔者在撰写本书过程中，始终以总体国家安全观为基本遵循和战略指导，深入学习习近平新时代中国特色社会主义思想和总体国家安全观精神，深刻领会国家安全战略思维方法，对如何以总体国家安全引领新型安全领域战略筹划进行了思考。正所谓实践出真知，这也是笔者反复思考撰写本书的理论基点。

---

[1]　党的十九大报告提出，新时代坚持和发展中国特色社会主义的基本方略有：坚持党对一切工作的领导，坚持以人民为中心，坚持全面深化改革，坚持新发展理念，坚持人民当家作主，坚持全面依法治国，坚持社会主义核心价值体系，坚持在发展中保障和改善民生，坚持人与自然和谐共生，坚持总体国家安全观，坚持党对人民军队的绝对领导，坚持"一国两制"和推进祖国统一，坚持推动构建人类命运共同体，坚持全面从严治党.

一、领会总体国家安全观核心精神

领会总体国家安全观的精神，有两个核心问题需要回答，一是怎么理解和准确把握总体国家安全观？二是从这一战略思想中可体会到什么？

（一）怎么理解和准确把握总体国家安全观

第一，为什么坚持总体国家安全观？时势造就，即这是由我国所处的历史方位和战略环境决定的，也是基于对我国所处的历史方位和战略环境的准确判断形成的。总的来看，我国国家安全面临新特点新趋势，国家安全的内涵和外延比历史上任何时候都要丰富、时空领域比历史上任何时候都要宽广、内外因素比历史上任何时候都要复杂。国家安全内容体系的不断丰富、时间空间尺度的持续拓宽、国内国外环境互动的日益复杂等多种因素，综合决定了必须坚持总体国家安全观。否则，就可能会出现这边堵、那边漏，顾此失彼，一个方面、一个领域出问题，进而造成连锁反应、系统性失效的风险。

第二，坚持总体国家安全观坚持的是什么？对于这一问题，笔者认为，总体国家安全观首先是一种"观"，即对国家安全的一种观点，应是言简意赅、简而意远的。坚持总体国家安全观的核心内容，即所谓坚持总体国家安全观之核心观点，应是通过坚持"一个准则、五大要素"来实现总体国家安全。一个准则，即坚持以国家利益至上为准则；五大要素，即坚持以人民安全为宗旨，以政治安全为根本，以经济安全为基础，以军事、文化、社会安全为保障，以促进国际安全为依托。上述 6 个方面是分主次的，具有层次化的特点。就像建一栋房子，宗旨是让主人住着舒适，根本是结实牢固，基础是有能力投资，保障是硬装修、软装修到位且家庭和睦，另外还要左邻右舍以及所处的地域氛围积极向上和谐有序，最后一条是这栋房子的利益及利益攸关者的利益不能受到威胁。笔者认为，上述坚持以国家利益至上的"准则"与"宗旨、根本、基础、保障、依托"5 个方面层次化的要素，构成了总体国家安全观这一所谓"观"的核心内容。这样来看，总体国家安全观是一个非常鲜明的观点，即坚持"一个准则、五大要素"。比如，以人民安全为宗旨，即一切为了人民，一切依靠人民；因为政治安全攸关党和国家安危，所以必须以政治安全为根本，其核心是政权和制度安全；经济基础决定上层建筑，故以经济安全为基础；以军事、文化、社会安全为保障，表明硬实力、软实力与载体在维护国家安全中相互依存的关系；以促进国际安全为依托，体现了大河没水小河干、全球化、地球村、人类命运共同体的理念。之外，特别强调了一个非常重要的标准，就是国家利益至上的标准，有国才有家的理念瞬间刻骨铭心。

第三，怎么来坚持总体国家安全观？这一问题其实是走什么道路的问题。习近平在中央国家安全委员会第一次会议上提出，落实坚持总体国家安全观，必须走中国特色国家安全道路，即统筹外部安全与内部安全、国土安全与国民安全、传统安全与非传统安全、发展问题与安全问题、自身安全与共同安全。这体现了对上述五对关系、十个重视的统筹化。中国共产党十九大报告提出，必须坚持总体国家安全观——统筹发展和安全，增强忧患意识，做到居安思危，是我们党治国理政的一个重大原则。必须坚持国家利益至上，以人民安全为宗旨，以政治安全为根本，统筹外部安全和内部安全、国土安全和国民安全、传统安全和非传统安全、自身安全和共同安全，完善国家安全制度体系，加强国家安全能力建设，坚决维护国家主权、安全、发展利益。可以看出，十九大报告对上述五对关系的顺序进行了调整，更加突出了统筹发展和安全的地位。这是因为统筹发展和安全对所有领域而言都非常重要，是一种思维理念和方法途径。这就进一步突出了坚持总体国家安全观，实现其中任何一个方面、任何一个领域的安全发展，都需要牢固坚持统筹发展与安全的理念，走中国特色国家安全道路。

第四，用什么来坚持总体国家安全观呢？这一问题其实是怎么走路的问题，即采取什么途径的问题。笔者认为，坚持总体国家安全观的基本途径是构建12＋X的国家安全体系，包括政治、国土、军事、经济、文化、社会、科技、信息、生态、资源、核、海外利益（12）以及太空、网络、深海、极地等新型领域（X）。可以看到，总体国家安全观中的最核心内容——以人民安全是宗旨，是位于 12＋X 国家安全体系之上的，这也充分体现中国共产党全心全意为人民服务的根本宗旨和保障人民安全是国家安全工作的根本任务这一战略基点。此外，总体国家安全观是一个开放的战略思想体系，随着国家安全实践的持续推进而不断发展。在中央国家安全委员会第一次会议上总体国家安全观首次被提出时，其主要包括除海外利益和新型领域之外的 11 种安全领域，而目前已发展形成上述 12＋X 的国家安全领域体系。这些安全领域体系是坚持总体国家安全观、维护总体国家安全的支撑。只有这些领域都实现了安全，只有这些领域之间的安全相互依存、共同支撑，国家才能实现总体安全。

总之，怎么理解和准确把握总体国家安全观，其实就是要我们理解和把握为什么、是什么、怎么干的问题。同样，经略新型领域安全，也是要以总体国家安全观为指导，准确理解和把握为什么要经略新型领域安全、新型领域安全的核心是什么、怎么实现新型领域安全等问题。推而广之，我们做任何事情，特别是要做好任何事情，也许都可以借鉴总体国家安全观的战略思想。这也是笔者为什么谈总体国家安全观学习体会的主要原因。

（二）从总体国家安全观这一战略思想中可体会到什么？

首先，国家安全形势变化之快之新，决定了为全面保障总体国家安全，必须充分估计国家外部环境、内部环境中的不确定性不稳定性，增强危机意识、忧患意识、责任意识和使命意识。可以从三个层面来理解国家安全形势的变化：一是从国内形势层面看，我国正在经历深刻复杂的变化；二是从国际形势层面看，世界正在发生广泛而深刻的变化；三是从国内与国外相互之间关系的层面看，我国与世界的关系正在发生历史性变化。在这些变化中，国家安全在面临压力和风险因素增多的同时，也面临着机遇与挑战。这启示我们在进行国家安全战略筹划时，既要看到国内因素，也要看到国外因素，更要看到国内与国外的互动因素，从这些因素中透视维护国家安全面临的机遇与挑战，从而为把握机遇、应对挑战奠定基础、指明方向，而非一叶障目、盲人摸象。

十九大报告特别指出，世界面临的不稳定性、不确定性突出。这也决定了维护总体国家安全必须准确把握国家安全形势变化的新特点。从某种意义上讲，战略即是一种意志行为。例如，在战场上，战略的目的即是掌控战争中令人畏惧的不确定性，使自己稳定而使敌人不稳定并自行陷入混乱。20 世纪 20 年代，约翰·冯·诺依曼即是通过研究扑克牌游戏中如何利用不确定性来提高出牌质量，从而形成博弈论的基本原理。其中，就展示了如何在不合理的状况下理性行事，为什么用欺骗手段可以合乎逻辑地攻守兼顾，为什么偶尔的使用随心一招儿会加剧不确定性，特别是虚张声势往往是一种重要且无法判定的有效招数。同样，维护国家安全，正如多个大国主体在玩扑克牌，需要清晰地辨明自身所处的内外情况，方可在各种不稳定性不确定性的博弈环境中制胜。

虽然争取在诸多不稳定性不确定性的博弈环境中制胜的目标是明确的，但需要以增强危机意识、忧患意识、责任意识和使命意识为保障。研究国家安全问题，或维护国家安全，只看到机遇是不行的，必须有底线思维，居安思危，有很强的危机意识、忧患意识。这是做这方面工作的逻辑起点，否则眼中就真的只有"安全"而忽视"不安全"了。此外，研究国家安全问题，或维护国家安全，必须要有强烈的责任意识和使命意识，决不能事不关己高高挂起。

其次，我国传统安全战略思想和新中国成立以来形成的安全战略思想，为总体国家安全观的形成奠定了坚定的思想基础。比如，安全与发展相统一；各领域安全的有机联系；国内安全与国际安全相互依存；以合作代替对抗，以共同安全代替单边安全；凡事预则立，不预则废；居安思危以有效应对风险挑战等，都是维护国家安全需要继承和发扬的战略思想。总体国家安全观的发展与实践过程，也处处体现了如何在涉及国家安全利益问题、国家安全战略目标问题、实现国家安全的手段保证问题三个方面下好先手棋，坚决维护国家主权、安全、发展利益的战略要求和运筹帷幄。如推进建设文化强国、网络强国、航天强国、制造强国、新型大国关系等，构建中国特色现代军事力量体系，搭建强有力的国家安全工作统筹平台，不断完善国家安全体制机制，加强国家安全能力体系建设等，均是有效维护总体国家安全的强有力实践和战略举措。实践是检验真理的唯一标准。上述实践举措体现了总体国家安全观的系统性、全面性、持续性特点，启发我们要不断增强忧患意识、底线思维、机遇意识，下好先手棋，防患于未然，以强烈的责任意识和使命意识，科学筹划国家安全战略目标和工作思路，形成强大战略合力，有效防范、管理、处理安全风险，有力应对、处置、化解安全挑战，持续维护国家安全与发展。

第三，总体国家安全观揭示了国家安全的本质和内涵，蕴含着维护和塑造国家安全的价值理念、工作思路和机制路径。一切行动的背后，都有思想的支配，而思想首先发端于理念。如果理念有了偏差，那么后续的行动就会事倍功半甚至造成系统性失效的风险。总体国家安全观，强调增强国家安全工作的战略性、策略性、统筹性、持久性，强调坚持人民安全、政治安全和国家利益至上的有机统一，强调保持战略定力、战略自信、战略耐心，倡导构建具有广泛包容性的人类命运共同体等理念。这就启示我们，只有坚持共同、综合、合作、可持续安全的新理念，下好先手棋，全国一盘棋，同心协力应对各种问题，才能实现共享尊严、共享发展成果、共享安全保障。

《战争与和平》一书的作者列夫·托尔斯泰曾提出，在能够看到形势发展的必然趋势的情况下，时间和耐心就是最强大的战士。贯彻总体国家安全观，归根到底是为了更好地维护和延长发展战略机遇期，确保中华民族伟大复兴进程不被滞缓或打断。这其中蕴含着最为关键的两个法宝——自信和耐心。长期以来，中国共产党把苏联和共产国际的指示当成了圣旨，从大革命时期依靠资产阶级、放弃革命的领导权，到第二次国内革命战争时期"为百分之百的布尔什维克化而斗争"，再到抗日战争时期"一切服从统一战线"，这种缺乏思想和理论自信的忽左忽右的"秧歌政权"，使中国共产党经历了极为惨痛的失败。① 近代中国丧失独立性，这不仅是物质上的，更是思想和精神上的。反映在党内，就集中体现为主观主义、教条主义对于党的统治。而主观主义、教条主义的一个根源，就是迷信外国、迷信洋人。

史学家回顾过去，战略家着眼未来。关键挑战在于如何面对难以预测的形势，并作出反应。选择必须在一切都还未知时作出，而不能人云亦云、随波逐流、被动应对。纵观历史，毛泽东的伟大贡献就在于着眼于中华民族的未来，创造时势和扭转时势，从内心深处持续增强中国人的自信和耐心。战略就是要谋势造势，主动塑造，不能被动应对。总体国家安全观蕴含的维护和塑造国家安全的价值理念、工作思路和机制路径指导我们，在新型战略空间，不能做其他国家的技术附庸，跟在别人后面亦步亦趋。要有自己的一招鲜、几招鲜，要有参与或主导新赛场建设的能力。这样，在复杂多变的大国战略竞争中，我们就会有更多制胜的机会。

二、学习维护国家安全的战略思维方法

战略思维方法，是对根本性、全局性、长远性问题进行科学谋划的思维方法，关键在于既要立足当前、着眼长远，又要抓主要矛盾，解决根本性、全局性、长远性问题。可以从时间、空间、系统三个维度来理解战略思维方法。在时间维度上，要长远考虑，跳出眼前从长远看眼前；在空间维度上，要全局谋划，跳出局部从全局看局部；在系统维度上，要整体布局，跳出部分从整体看部分。运用战略思维方法，就是要纵览统揽全局，充分顾及各种事物间的多重相互依存关系以及诸多起作用的关键因素，从整体上把握事物发展的趋势，找出最有利的努力方向，致力于解决根本性、全局性、长远性问题。解决战略问题，不仅睿源于智，还需要理性判断与科学应用，而非性格与直觉。这种系统和前瞻性的战略思维能够揭示很多风险和机遇，从而能够明确提出科学的目标与行动要点，进而才能夯实战略定力。学习领

---

① 韩毓海. 重读毛泽东，从 1893 到 1949. 人民出版社，2017：405.

会总体国家安全观，就是要在维护国家安全特别是新型领域安全战略谋划时，基于上述战略思维的基本特点和要求，按照谋划国家安全"三个立足"、维护国家安全"四个坚持"的要求，观大势、谋全局，把握好维护国家安全的前提，明确在维护国家安全时怎么办等重大问题。

习近平强调，认清国家安全形势，维护国家安全，要立足国际秩序大变局来把握规律，立足防范风险的大前提来统筹，立足我国发展重要战略机遇期大背景来谋划。① 这强调的是观大势，只有在正确把握人类历史的发展规律和潮流、国内外形势的发展变化、潜在的有利与不利因素发展变化的基础上，才能顺势而为、防范风险，最终实现战略目标。在"观大势"的同时，我们还要谋全局。不论国际形势如何变幻，我们要保持战略定力、战略自信、战略耐心，坚持以全球思维谋篇布局，坚持统筹发展和安全，坚持底线思维，坚持原则性和策略性相统一，把维护国家安全的战略主动权牢牢掌握在自己手中。当今世界不确定不稳定因素增多，机遇和挑战并存。我们要着眼"全面、整体、大局、长远、关键"这几个核心，准确把握国际形势发展变化的规律，既认清中国和世界的发展大势，又看到前进道路上面临的风险挑战，未雨绸缪、妥善应对，切实做好工作，坚定捍卫国家主权、安全、发展利益。观大势、谋全局，既是筹划国家安全的重要内容，又是维护国家安全的重要前提。

基于对上述"三个立足""四个坚持"要求的理解，笔者认为，在维护国家安全运筹谋划时应在以下四个方面下真功夫。

一是居安思危，增强底线思维，树立风险意识，坚持问题导向。这是维护国家安全的逻辑起点。首先，当前世界各国面临的各种可以预见和难以预见的风险因素明显增多，增强忧患意识，做到居安思危，是维护各个领域安全的基本原则和要求。其次，筹划国家安全战略要有底线思维，对于安全风险和挑战，宁可信其有，不可信其无。第三，坚持问题导向，是马克思主义的鲜明特点，是一条重要的战略

---

① 2017年2月17日，习近平在国家安全工作座谈会上的讲话.

思维方法论。坚持问题导向和目标引领，方可抓住主要风险挑战有的放矢。

二是树立大局意识、长远意识，坚持安全与发展相统一。这旨在从维护国家安全的系统性、全面性、持续性方面谋篇布局。首先，国家安全和社会稳定是发展的前提。只有国家安全和社会稳定，才能不断向前发展。在进行新型领域战略筹划时，必须牢记发展是安全的基础，安全是发展的条件，既要重视发展问题，又要重视安全问题，坚持一盘棋、防止形成两张皮。其次，树立长远意识，就是要持续坚持发展和安全并重，以实现持久的安全与发展。

三是坚持内外统筹引导国际社会共同维护国际安全。这旨在从维护国家安全全球性、共同性、融合性方面谋篇布局，从而实现以国际安全为依托维护总体国家安全的目标。目前，世界多极化、经济全球化、国际关系民主化的大方向没有改变，突出坚持正确义利观，积极引导国际社会共同塑造更加公正合理的国际新秩序、共同维护国际安全，推动构建人类命运共同体，实现全面、共同、合作、可持续安全，大有可为。

四是以我为主，趋利避害，主动塑造，下好先手棋。这旨在从维护国家安全主动性、策略性、原则性方面谋篇布局。善于处理好局部和全局、当前和长远、重点和非重点的关系，在权衡利弊中趋利避害、扬长避短、作出最为有利的战略抉择，是在复杂竞争中制胜的关键。善于在纷繁复杂、快速变化的形势中，抓住机遇，应势而谋，顺势而为，是谋划国家安全和发展的基本要求。实践也充分昭示，一个国家的安全、一个领域的安全既要维护也要塑造。一方面，要严密防范各种安全风险集聚交汇形成风险综合体，守住不发生系统性风险和不犯颠覆性错误的底线；另一方面，要主动塑造内外安全环境，善于观大势谋全局，在变局中把握规律，在乱象中趋利避害，在斗争中主动作为，下好先手棋、打好主动仗。

三、提升维护新型领域安全的战略能力

当前，太空、网络、深海、极地、生物、智能等新型领域成为国

际竞争的新焦点。世界主要国家正在大力发展新型领域颠覆性技术，企图通过夺取新型领域战略竞争优势，削弱甚至抵消竞争对手的战略制衡能力。在军事领域，可以预见未来联合作战很可能在新型领域首先展开，特别是随着高新技术的进步，战争呈现出陆、海、空、天、网、电等多维一体特点，不仅向太空、远洋、深海、极地等物理域拓展，也向网络、信息、心理等虚拟域延伸。未来以网络信息体系为基础、以智能自主行动为核心的全疆域、全领域、全频域作战对制信息权、制天权提出更高需求，对制信息权、制天权等方面的争夺将贯穿于未来作战全程，成为制胜未来战争的关键。对此，为在平时维护国家安全与发展，在战时赢得战争，各国对形成新型领域能力优势的竞争将十分激烈。应以总体国家安全观为指导，不忘初心，知行合一，事上练，高度关注新型领域安全问题，不断提高维护新型领域安全的能力，维护国家安全与发展利益。

（一）不忘初心——国家安全的初心是什么

国家安全的初心，就是为了实现国泰民安。对于我国而言，一是为中国人民谋幸福，让人民更有获得感，实现人民安全这一宗旨。对于这一点，主要包括两个层面的支撑，即不断完善和发展中国特色社会主义制度，让制度更加成熟定型，确保政治安全这一根本；持续推进国家治理体系和治理能力现代化，让发展更有质量、治理更有水平，夯实经济、社会、文化、科技等领域安全基石。二是为中华民族谋复兴，实现"两个一百年"奋斗目标和中华民族伟大复兴的"中国梦"。这也有两个层面的支撑，即不觊觎他国利益，不嫉妒他国发展，但决不放弃正当权益；不信邪也不怕邪，不惹事也不怕事，任何外国不要指望我们会拿自己的核心利益做交易，不要指望我们会吞下损害我国主权、安全、发展利益的苦果。实现国泰民安，为中国人民谋幸福，为中华民族谋复兴，需要军事安全、科技安全、国土安全等领域安全做支撑。实现国家安全的初心，又与 12 + X 国家安全体系的构建紧密相关。坚持总体国家安全观，构建 12 + X 的国家安全体系，走中国特色的国家安全道路，正是不忘国家安全初心——实现国泰民安、为中国人民谋幸福、为中华民族谋复兴这一历史使命的有力支撑。

（二）知行合———怎么维护新型领域安全

总体国家安全与每个公民息息相关，维护总体国家安全是全社会的责任，当然也是我们每一个人的责任。只有国家安全了，人人才能安全；也只有人人着眼国家利益全局，把实现党和国家战略目标放在心上，积极维护国家安全，国家才能更加安全。同样，维护新型领域安全，笔者认为要在以下三个方面着重把握。

一是自觉强化忧患意识、风险意识、责任意识、持久意识。预判风险是防范风险的前提，把握风险走向是谋求战略主动的关键。越是取得成绩的时候，越是要有如履薄冰的谨慎、居安思危的忧患，越是要有全民国家安全责任意识，做到守土有责、守土尽责，既认真考虑当前面临问题的解决之道，又着眼长远积极探索最佳途径形成持久优势与最优效益。

二是自觉增强历史思维、辩证思维、创新思维能力。历史是最好的教科书、清醒剂，历史、现实、未来是相通的。战略思考就是要以一种掌控复杂多变形势的全知视角，通过彻底和全盘的思考，审视过去、洞见未来，全面联系发展地看问题，对模棱两可和混乱无序保持警惕，时刻清楚应采取何种备选行动方案及其后果，时刻准备在发生意外转折时随机应变。在这一过程中，唯创新者进，唯创新者强，唯创新者胜。特别是应对信息时代的大国战略竞争，要以创新驱动形成体系优势，尽量避免在某一高技术领域同对手打堂堂之阵或僵化对抗，而应针对对手的薄弱环节，发展非对称途径，以能击不能，扬长避短，克敌软肋。美国前总统奥巴马曾指出，美国经济之所以在20世纪领先于世界，正是因为美国在创新方面领先于世界。[1] 同样，对于战争的筹划和指导，也必须不断创新战略指导和作战思想。拿破仑虽然是个军事天才，但实践证明，简单地将一种军事战略思想重复用

---

① 美国创新战略——推动可持续增长和高质量就业. 中国科技产业. 2010（2）.

于多场战役，靠着别人都能模仿的战法，是难以主宰欧洲大陆的。

三是自觉树立问题边界意识，凡事从坏处准备，争取最好结果。坚持底线思维，强化危机意识，对各方面可能发生的风险及其累积效应，宁可信其有，不可信其无，统筹系统与要素、要素与要素、系统与环境之间的相互依存关系，增强全局协同整体意识，做好随时应对风险和挑战的准备。

（三）事上练——学以致用是不是可以这样办

基于对总体国家安全观以及维护国家安全战略思维方法的学习领会，笔者认为，筹划新型领域安全战略，应重点体现应对风险挑战的战略思维、应对策略、能力建设以及体制保障等要素。安全战略的制定，应具有极强的针对性与指导性，既要切合实际总结以往成功的做法经验一以贯之，又要针对当前面临的难题对症下药，更要对于将来可能面临的风险挑战未雨绸缪早作部署。这也可以形象地描述为新型领域安全战略筹划的"四部曲"——通过"把脉"了解形势变化，通过"诊断"客观查证存在的问题，通过"预测"把握未来演化趋势，通过"开方"使付诸的努力更加有效。克劳塞维茨曾言，聪明的战略家所面对的挑战就是如何预见所有导致摩擦的因素和偶发风险从而先发制敌。

此外，战略的艺术不仅在于找到实现既定目标的手段，还在于确定其目标是现实的、有价值的，需要将成本/收益分析和广阔的战略视野相结合。相反，如果潜在成本与可能的收益完全不成比例，那么整个战略计划的价值就应受到质疑。第二次世界大战中，日本虽然成功偷袭珍珠港，成为战争史上的典型战例，但却导致美国被迫对日宣战，使日本陷入战略被动，加速了日本军国主义的灭亡；而苏联则实施了正确的战略指导，借助准确的战略判断和软硬兼施的对日战略策略，成功避免了两线作战，实现了对主要敌人德国和次要敌人日本的各个击破。

同样，前瞻大国的战略竞争和未来战争，需要考虑威胁在哪、对手是谁以及在哪打仗、什么时间打、打什么样的战争、衡量战争胜负的标准是什么、需要做什么准备等问题。对于大国战略竞争，安全威胁和军事能力并不是一成不变的，战略设计只有统筹兼顾这两个方面，想深想透关系全局的风险，并于动态变化中找到二者在近期和远期的契合点，才能实现应对现实威胁和发展长远能力的最佳匹配。历史上，这方面的例子不胜枚举。我国春秋时期，齐桓公采取"尊王攘夷""计定于内然后出兵于外"的战略方针，最后夺得霸业。在中国革命战争的广阔舞台上，毛泽东审己量敌，谋定后动，用兵如神，至今令人叹为观止。反观美国主导的近几场局部战争的结局，之所以科索沃战争"和而不平"、阿富汗战争"消而不灭"、伊拉克战争"胜而不利"，很大程度上是因为在战略指导上犯了"先战而后求胜"的错误。

当前，新军事革命风起云涌，加速变革军事形态。所谓"新军事革命"，即是将新技术应用于海量的军事系统之中，同时与创新的作战理念和部队适应力相结合，由此引起武装力量的作战潜力和军事效能成级数地提增，进而根本性地改变冲突的性质和表现。虽然新军事革命源于理论，但它背后的驱动力主要是技术，是信息收集、处理和交换诸系统与军事力量运用诸系统之间相互作用的结果。早在1993年，领导美国国防部净评估办公室的安德鲁·马歇尔，就未来战争提出了两种看似可信的变化趋势，一种可能性是远程精确打击将成为"首要的作战方式"；二是"所谓的信息战"的出现。而这两种趋势均与新军事革命所蕴含的系统体系密切相关。十九大报告强调，要加快军事智能化发展，提高基于网络信息体系的联合作战能力、全域作战能力。在新型领域中，太空、网络必将成为新军事革命之系统体系的核心要素。孙子兵法讲，微乎微乎，至于无形；神乎神乎，至于无声，故能为敌之司命。太空、网络即属于无形无声。例如，现代战争中，不掌握制天权、制网权，可能连敌人在哪里、何时发起攻击、怎么被打败的都不知道，很多作战力量可能还没有使用就瘫痪了或者偏瘫了。因此，太空、网络作为新型安全领域，将催生维护国家安全的新型力量、威慑和制衡强敌的战略拳头、联合作战体系的重要支撑，关乎国家战略安全全局。这样，太空、网络也自然而言地成为大国博弈的新焦点，在国际政治、经济、军事、科技竞争甚至综合国力竞争中的战略地位显著上升，影响着一个国家发展大局。长期以来，美国、俄罗斯等主要国家竞相从战略高度谋划和参与太空、网络领域竞争，围绕发展权、主导权、控制权的争夺十分激烈。国内外学者针对太空、网络安全相关问题也进行了系列研究，取得了丰硕的成果。不谋全域者，不足谋一域。本书遵循总体国家安全观的战略指导思想，从认识一个前所未有的"新太空"入手，重点讨论与太空、网络安全密切相关的临近空间领域安全问题，旨在为深远经略临近空间、加速抢占大国战略竞争的新制高点助力。

第二章 认识一个前所未有的"新太空"

认识世界，不仅是"解释世界"，也不仅是"改造世界"，而是发现和面对一个前所未有的"新世界"。[①] 胸怀战略，意味着高瞻远瞩、抓大放小、治本而非治标、放眼全局而非只见细节。[②] 放眼宇宙，太空是全人类的共同财产，人类探索和利用太空涉及全人类的利益，太空和平符合全人类的利益。然而，20 世纪 90 年代起发生的海湾战争、科索沃战争、阿富汗战争、伊拉克战争以及近年来发生的叙利亚战争等，均警示世人太空的巨大军事效用——谁抢占了制天权，谁就可以夺取制信息权，进而拥有制陆权、制海权、制空权。目前，太空军事化甚至武器化趋势加速发展，由来已久的太空竞争呈现出许多新趋势新特点，人类正在发现和面对一个"新太空"。

一、太空竞争伴随人类太空发展史

纵观人类历史，世界军事技术与战略战术的发展始终伴随新型战略空间拓展与制高点的争夺。航空航天技术的日新月异与国家利益的持续拓展，已使大国战略竞争领域从传统的陆、海、空迈向太空。1957 年 10 月，苏联成功发射世界上首颗人造卫星"伴侣－1"号。1958 年 1 月，美国成功发射其第一颗人造卫星"探险者－1"号。从此，世界主要国家围绕进出、利用和控制太空，纷纷制定太空战略，

---

① 韩毓海. 重读毛泽东，从 1893 到 1949. 人民出版社，2017：319.

② ［英］劳伦斯·弗里德曼著. 王坚，马娟娟译. 战略：一部历史. 社会科学文献出版社，2016：1.

发展太空力量，太空开始成为大国之间争夺的新赛场，且主导权争夺呈日趋激烈之态势。

近半个世纪以来，伴随航天技术的"井喷"式发展，人类正以前所未有的速度开拓着太空。现在世界上已有120多个国家正在进行太空活动，太空中正在运行500余个航天器，其中50%以上用于军事目的。通信卫星、导航卫星、气象卫星、侦察卫星、海洋监视卫星、预警卫星、轨道飞行器、太空态势感知装备以及发射测控装备等，在强力改变人类生产生活方式的同时，持续对国家安全和军事斗争产生深远影响，不断塑造太空时代特有的全球治理格局新框架。展望未来，太空轨道将日益"拥挤"，太空碎片将越来越多，太空竞争态势升级，太空安全环境亟须治理。

竞争，可实现扬长补短，促进共同进步，但又可能催生霸权主义，造成零和博弈。历史上传统自然空间的拓展与竞争充满了血雨腥风。相比之下，尽管目前太空看似风平浪静，然而长期以来的太空武器化已使太空安全风险倍增。美国1959年10月的首次机载拦截弹反卫星试验、1960年10月的装有核战斗部的弹道导弹摧毁卫星试验、2005年7月的"深度撞击"计划试验、2008年2月的"标准-3"导弹击毁一颗失控间谍卫星，苏联1961年3月使用反弹道导弹核爆方式摧毁太空目标、1968年11月的卫星歼击机"宇宙-252"号在预定轨道准确拦截靶星试验、1975年10月激光致盲两颗美国导弹预警卫星，以及2007年1月中国首次反卫星试验①2019年3月印度首次反卫星试验等，均给世人留下深刻印象。

当前，主要国家正在加快研发新型强激光、高功率微波、粒子束等定向能武器和可快速发射与拦截的动能反卫星武器以及轨道抓捕器等，太空武器化甚至新的军备竞赛正在升级。美国特朗普政府的《国家安全战略》将"自由进出太空"和"在太空中自由行动"视为核

---

① 2007年1月11日，中国在西昌卫星发射中心，发射的一枚"开拓者"1号系列火箭携带动能弹头，以反方向8km/s的速度，击毁了轨道高度863千米、重750千克的本国已报废的气象卫星风云一号C。这次试验，是自1985年美国发射ASM-135反卫星导弹摧毁P78-1人造卫星以来首次成功的人造卫星拦截试验.

心利益，正在全面谋求太空能力、技术、联盟、规则等方面的新优势。日本、印度等也在大力发展太空支援作战能力和反卫星武器系统等。总之，新形势下太空安全环境面临的不确定性、不稳定性凸显，人类面临太空安全治理难题可谓难上加难。

二、太空霸权主义有过之而无不及

太空发展史与竞争史表明，美国是对太空运用时间最长、技术最先进的国家。对于已成为名副其实的太空军事强国的美国而言，太空一直被其视为维护国家战略利益的支柱领域，具有不可替代的地位。长期以来，美国太空战略目标旨在保持太空竞争优势、意在实施太空威慑、重在太空防御提高应用安全性，太空战略体系由国家层面引领、军队层面落实、商业层面提供支撑，太空战略举措涵盖优化太空作战架构与力量建设、提高太空装备弹性、鼓励商业太空技术创新、强化太空联盟行动等参见本书（附件一：美国不断增强太空战略优势）。近年来，面对国际太空领域日益呈现的拥挤、竞争、对抗以及多极化、全球化战略新格局，伴随"重返亚太""第三次抵消"和"反介入/区域拒止"等国家战略，美国的太空战略优势正在持续得到巩固甚至扩大。

近三年，美国为了实现其太空霸权主义而动作频频。2016 年 7 月，美国空军太空司令部网站发布了题为《建设太空任务部队，训练明天的太空战士》的白皮书，提出组建太空任务部队，对太空作战人员进行高级培训，以使其更好地执行太空作战任务，同时使太空任务部队适应作战司令部的需要，使战术太空能力更好地融入联合作战行动。2017 年 4 月，美军《空间作战架构》进一步指出，太空已成为作战域，太空力量必须面向对抗环境转变为作战部队。联合跨机构联盟太空作战中心（JICSpOC）正式更名为国家太空防御中心（NS-

DC)①，并参与了年内举行的 2 次"太空旗帜"演习。该机构将作为未来太空战的运作机构，充分统筹国防部、情报部门和商业领域的力量，提升美军太空力量协同作战指挥能力，以更好地应对太空威胁。此外，美国国防部的太空作战司令部和控制中心——联合太空作战中心（JSpOC）仍然存在。2017 年 10 月，美国战略与国际研究中心发布《第二个太空时代的态势升级与威慑》报告认为，太空威慑升级行动选择，要考虑追溯攻击源、可逆性、弹性、临界条件和不对称性等因素，反映出美国对太空安全的新认识。2017 年 12 月，特朗普政府的《国家安全战略》提出，美国必须维持在太空自由行动的领导地位，明确任何干扰或攻击美国太空资产并对其利益造成威胁的行为将遭到报复，并提出将太空作为优先领域加以发展，通过综合利用各种力量促进创新和太空商业化，增进美国太空体系结构的弹性，以确保美国太空领导地位。2018 年 1 月，美国国防部发布《国防安全战略》进一步明确要求，优先发展弹性、重建和作战能力，以确保美军太空能力优势。

综合美国《国家安全战略》和《国防安全战略》来看，其中让美国再次强大起来，坚持"美国优先"原则，与中国和俄罗斯的长期战略竞争是首要优先事项。其中，必须维持美国在太空自由行动的领导地位，将资金优先用于恢复重建和确保太空任务执行能力的项目上，锤炼在不能取得绝对主导权的太空领域作战的能力，在威胁到来之前有效威慑、干扰或击败潜在威胁，惩罚任何干扰或攻击美国太空系统重要构成部分的行为，成为其在太空竞争中维持霸权的主旋律。特朗普政府通过 2017 年 6 月重建国家航天委员会、12 月签署《1 号太空政策指令》以及 2018 年 3 月制定美国历史上首份《国家航天战略》②等，旨在实施转变太空体系架构、增强威慑和作战能力选择、提升太空行动效能的基础能力、创造有利国内和国际环境等战略举

---

① 2018 年 2 月，NSDC 正式开始战备值班。NSDC 将加强与情报机构、战略司令部、空军航天司令部之间更紧密的协作，整合情报部门、军事航天部门、商业机构等方面获取的数据，提供给美国高层以保护美国重要太空资产安全，增强美军太空作战一体化能力.

② 美国制定首份《国家航天战略》，强调要加强国家航天、商业航天和民用航天三者间的合作，确保美国在航天技术领域的领导地位.

措，全力维持其太空领导力和太空自由行动能力。特别是 2018 年 3 月特朗普公开表示正在考虑组建独立天军之后，美国组建"太空部队"的辩论持续升温。4 月，美国参联会发布新版《太空作战条令》，首次确立"太空联合作战区域"概念，推动太空作战深度融入联合作战。与以前的太空作战主要聚焦于为地面作战提供天基信息支持不同，新版《太空作战条令》强调现在的太空作战不仅包括将军事太空能力融入联合作战之中，而且包括对抗对手的进攻性太空行动，以确保自身太空系统安全。如美国正在开展"太空围栏"、Hallmark、"黑杰克"低轨小卫星星座等项目，这些项目一旦完成，将大幅提高其军事通信、持久监测及太空指挥控制能力。这些都集中体现了特朗普政府备战太空和争霸太空的新动向。

三、太空正从力量倍增器变为作战域

多年来，太空以及网络空间的影响被认为是力量倍增器，现在则已被认为是作战域。[①] 特别是 2018 年 6 月，美国总统特朗普在国家航天委员会会议上命令国防部立即启动必要程序，组建独立的太空部队，以保持对中国和俄罗斯等战略竞争对手的优势，将"美国是否应该建立一支独立的太空部队以适应太空作战域需求"这一争论多年的议题再一次推向高潮。此外，2018 年 11 月，日本防卫省也确定了新设"太空部队"的方针，明确提出，除了清理被称为"太空垃圾"的人造卫星和火箭残骸外，该部队还将负责对其他国家的可疑卫星实施监视。[②]

可见，在当前国际体系深刻演变的背景下，大国之间围绕传统领域特别是新型领域权力和利益再分配的斗争呈明显加剧态势。巩固和扩大在陆、海、空、天、网及相关新型领域的竞争优势，构成当前美

---

① 刘栋. 做好打多域战争的准备——来自太空与网络空间的经验. 学术 plus，2018 年 9 月 17 日.

② 日本决定新设太空部队，宣称将监视太空垃圾与别国可疑卫星. 参考消息网，2018 年 11 月 21 日.

国战略调整的重要指向，也是其新版《国家安全战略》以及《国防安全战略》的重要内容和支撑。太空作为美国维护其战略利益和战略竞争优势的支柱领域，地位不可替代。尽管近年来美国的太空战略优势得到持续巩固甚至扩大，那么为什么在看似利好的情况下特朗普仍极力推动太空部队独立成军呢？综合来看，可能有以下几个方面的原因。[①]

一是美国对太空体系的高度依赖性与太空体系自身的高度脆弱性，使美国政府认为当前其太空安全面临日益严峻的威胁，竞争对手的太空实力增强威胁了其太空利益，从而将太空视为与地面、海上、空中一样的新的作战领域。二是美国欲通过"这一手"实现一箭双雕的目的。这也许是比较现实的原因。一方面，正如特朗普所言，创立太空部队和推动美国航空航天局以及私营部门的太空探索行动，无论是从经济上还是军事上都具有重要意义；另一方面，特朗普此举可能引发新的军备竞赛，进而妄想针对新的战略竞争对手，实现类似20世纪80年代里根总统实施"星球大战"计划拖垮苏联的全球霸权之战略目的。正如俄罗斯《独立报》2018年6月20日援引独联体国家研究所副所长弗拉基米尔·叶夫谢耶夫的评论报道称，美国组建太空部队与特朗普欲在世界居主导地位的愿望有关。

当然，特朗普也指出，目前美国太空部队发展与应用受限，也是其极力推动成立与空军"隔离＋并列"的太空部队的重要原因。比如，美国太空力量长期在空军的督管框架内进行运作，造成太空部队建设获得的重视程度与其战略地位不相匹配，出现太空部队建设经费投入不升反降、决策体制不成体系、太空专业人才晋升渠道受限等问题。美国太空力量主要从属于空军太空指挥部，少数归海军太空与海洋战争系统指挥部、陆军太空与导弹防御指挥部，以及导弹防御局、国家侦察局、国家海洋与大气管理局等部门，造成太空部队资源不集中、重复投入、增加成本等问题，不利于整合和扩充太空资源，无法满足高效应对太空竞争和威胁危机的需求。

---

① 丰松江. 美国太空部队欲独立成军"恰逢其时"吗. 世界知识, 2018年7月.

　　然而，从各方响应情况看，美国太空部队独立成军的步伐正在加快，但路途遥远。2018年3月，美国国防部应国会要求对太空部队开始进行评估，并定于8月提交中期报告，12月底前提交最终报告。白宫发言人在一份声明中也表示，总统希望国防部立即着手组建一支太空部队，国家航天委员会和其他政府机构将配合国防部，尽快落实总统指示。随后，美国国防部官员称，确保美军在太空的主导地位和优势至关重要；未来参联会将与国防部长办公厅及其他国防部机构、国会密切合作，尽快实施总统指示。就连最初持反对意见的美国国防部时任部长马蒂斯、空军部长威尔逊等也改变了态度。2018年以来，马蒂斯对独立太空部队的态度开始变得中立，例如他在5月底表示，需要重新审视独立太空部队问题，如果必须改变组织结构，他将持开放态度。威尔逊也表示，空军期待与国防部、国会以及其他国家安全机构共同推进独立太空部队计划。2018年8月9日，美国副总统兼国家太空委员会主席彭斯在国防部发表讲话，重点阐述了特朗普政府组建天军的计划，即到2020年建成独立的天军，并向国会提交《国防部国家安全太空部门组织与管理结构的最终报告》。① 该报告指出，组建独立天军分两个阶段进行：第一阶段是利用现有职权，组建天军的四个组成部门，分别是美国太空司令部、太空作战部队、太空发展局、天军管理和保障职能部门；第二阶段是申请国会授权，将这些组成部门整合成独立天军。天军将会"负责准备有效实施作战所必需的力量"。它将"开展组织、训练和装备工作，并为军事作战提供航天力量"。它还将为包括导弹防御在内的空间攻防作战制定战术和原则，并将负责"取得并保持制天权"。天军的其他任务包括为加强联合战役行动而展开太空作战、提供作战支援和联合太空基地或提供并非各

---

① 据美国白宫网站2018年10月24日报道，特朗普总统已经收到国家太空委员会提交的关于组建天军的六项建议：一是组建太空司令部负责管理天军，并制定军事航天作战的战术、技术和程序；二是将太空部队作为独立兵种建设，其任务是组织、训练和装备太空部队；三是呼吁国会授权建立天军并为太空司令部提供资金；四是国家太空委员会和国家安全委员会根据国防部对相关主管机构的评估，对现有太空运营机构进行联合审查，以实现国家安全目标；五是建立太空发展局，以确保天军拥有最先进的作战能力；六是与情报界建立协作机制，以提高太空能力开发和太空行动的一致性.

军种有机组成部分的其他支援。它还将监督"太空作战的全球综合指挥与控制"。9月10日，美国国防部时任副部长帕特里克·沙纳汉发布名为《太空重组与管理任务》备忘录，再一次指明国防部将在2020财年前建立天军，使其成为美国第六军种。

截止2019年3月，在美国国防部和美国空军等经过半年左右时间的"酝酿"之后，美国太空军独立组建计划已迈出实质性的三大步。其节奏甚至可用紧锣密鼓来形容。第一步，2018年12月18日，美国国防部开始组建一级职能司令部——太空司令部；第二步，2019年2月19日，美国开始创建隶属空军的太空军队；第三步，2019年3月12日，美国国防部正式成立太空发展局。此外，美国2020财年预算也提出5年中将花费约20亿美元来打造太空军。

不过，这一议题仍面临许多反对声音，仍需通过复杂的议程和长期工作，是否能最终按特朗普政府的预想落地仍是未知数。比如，与特朗普支持太空部队完全独立为美国第六支武装力量不同，众议院在2018年5月通过的《2019财年国防授权法案》支持建立一支空军下属的太空部队，拥有独立的采办体系，在美国战略司令部①下建立一个专门负责太空的联合司令部，相关规划拟在2019年12月31日前提交国会国防委员会。参议院在审议《2019财年国防授权法案》时，虽然官方未就独立太空部队表态，但参议院中参与太空议题的民主党参议员比尔·纳尔逊称，现在不是空军分裂的时候，组建太空部队将是一项大规模的机构重组，这将使美国在短期内打一场太空战争的能力变得更加复杂而不是增强。2018年9月17日，美国空军部长威尔逊在空军协会空天网络论坛上发表题为《我们所需要的空军》的讲话时，正式公布未来的兵力结构框架。其中也提出，现有16个航天中队，计划再增加7个，现有20个太空军中队，需要再增加7个；将改组太空

---

① 2002年6月26日，美国国防部长唐纳德·拉姆斯菲尔德宣布，美国航天司令部和美国战略司令部合并，成立联合司令部。布什总统将太空任务从以前的航天司令部剥离。新的联合司令部仍然叫作"美国战略司令部"，并于2002年10月1日正式开始运作。2003年1月10日，布什总统签署命令，修改联合司令部计划，赋予美国战略司令部以前没有的四项任务：全球打击、导弹防御整合、国防部信息作战以及 C^4ISR。其中，C^4ISR 指指挥、控制、通信、计算机、情报及监视与侦察，是现代军队的神经中枢，是兵力的倍增器。

和导弹系统中心，加强太空任务系统采办，与参谋长联席会议展开合作，建立并支持统一的太空任务指挥控制体系，确保美国在太空领域保持优势地位。威尔逊的讲话尽管有扯着"大国竞争"时代大旗向国会漫天要价的嫌疑，但在某种程度上也表明其并不真正愿意将太空部队独立出去。2019年2月，威尔逊称，应就设立太空发展局的必要性举行公开讨论。

事实也许确实如此，如果美国国会最终立法批准这一议题，组建独立的太空部队，可能会对美军组织结构调整和太空备战行动产生深远影响。且由于美国现有太空力量分散在多个部门，历史遗留问题较多，机构调整涉及范围广，需要大量的具体规划，同时受经费、硬件、国际法等方面影响，独立的太空部队快速组建完成的可能性较小。

四、太空可被主宰、被独立吗

美国总统特朗普指出："在保卫美国方面，仅仅让美国保持在太空的存在是不够的，必须让美国主宰太空。"对此，美国海军军事学院国家安全事务教授琼·约翰逊·弗里兹指出，特朗普关于"主宰"太空的想法也引发了质疑，因为从军事角度而言，"主宰"通常意味着在一段有限时间内完全控制一片有限区域，那么，如何"主宰"太空？如何控制太空中一切无限之事物？

鉴于太空的空间环境特性、太空资源的运行与应用机理，其与陆地、海洋、空中三大传统领域相比完全不同，太空本身没有明确的疆域边界。与特朗普强调的太空攻防行动相比，太空支援行动才是无时无刻不在太空内外发生。随着作战领域的拓展，如何加强太空作战与陆、海、空作战的协同，成为世界各国军队转型面临的一个重要问题。为此，美军提出了"全面力量集成"的作战概念，意在打破军种界限，实现太空作战力量与其他作战力量的无缝联合。① 且伴随网络

---

① 武战国. 透析美国"施里弗"太空战演习. 中国社会科学学报，2016年8月5日.

技术发展和临近空间飞行器①的出现，"航空、航天、网络、临近空间"将深度融合。此时，怎能将太空与其他领域轻易"剥离"？比如，临近空间将连接太空与空中，使空与天各层无缝衔接。当前，美国太空与网络空间作战力量正在合作，以更好地执行多域作战。同样，以卫星通信为代表的太空网络将是未来网络发展的一个重要方向。届时，天地一体化网络将作为融合太空网络、地面互联网、移动通信网等异构网络，成为为分布于太空、天空、海洋和陆地的各类用户提供全面信息服务的网络系统。②

例如，为检验太空系统性能，强化太空网络攻防能力，美军将"施里弗"太空战演习由"太空"逐步向临近空间、网络空间拓展，陆续开展了一系列太空战背景下的网络攻防演习，重点演练如何利用计算机网络对敌太空作战指控中心、卫星操作中心、卫星通信网络等关键节点实施攻击，同时保护己方太空指挥、控制和通信设施不受损害。③ 2008 年后，随着网络空间威胁的不断增多，美军意识到太空与网络空间将在未来作战中不可避免地多层次相互交织，为此，"施里弗 – 5"演习将场景设为 2019 年，强调要在持续发展太空和网络空间力量的同时，重视太空与网络空间的综合集成，太空与网络力量联合运用理论受到新的重视。"施里弗 – 6"演习的关键目标就是分析在太空和网络电磁空间如何实施威慑，并开发能够利用综合手段实现跨多个领域行动的综合计划方案。通过这些演习，美军意识到太空和赛博空间正越来越紧密地联系在一起，必须高度重视整合网络与太空攻防作战，将太空与赛博空间视为所有防御作战和国土安全作战方面的核心，赛博空间作战与太空的一体化在联合作战中的重要性日益凸显；

---

① 临近空间飞行器，特指只在或能在临近空间区域作长期、持续飞行并完成特定任务的飞行器.

② 李贺武，吴茜等. 天地一体化网络研究进展与趋势. 科技导报，2016，34（14）：95 – 106.

③ 丰松江. "天网一体"作战悄然来临. 解放军报，2018 年 12 月 4 日.

太空和网络电磁空间发起的攻击①，往往不是采取"毁灭"的方式让卫星成为碎片，而是采取隐蔽的"破坏"方式让其不能工作。此外，上述演习也强调太空的"替代概念、能力和力量态势"，提出在临近空间部署无人机等飞行器，早在 2005 年"施里弗 - 3"演习中，美军已首次将"临近空间"纳入作战视野。

有学者研究指出②，未来的太空不可能是导弹、卫星、电磁波的无限对抗，未来的太空应被各国的太空设施共同利用。因为太空已不分你我，是全人类的共同财产，人类对太空的探索和利用涉及全人类的利益。目前，太空轨道日益拥挤，太空碎片越来越多，太空环境亟须治理。如果大国之间再像海军竞赛和核军备竞赛那样争夺空间性因素，最终会一损俱损、互相毁灭。据《环球时报》消息，2018 年 7月 16 日美国"商业内幕"网站刊文"畅想"未来的"中美太空大战"文章也认为，中美之间未来任何的战争很可能会演变为一场太空大战，而任何太空战都将聚焦于破坏与打击敌方的情报、通信和导航定位卫星。最终的结果是，空间碎片会达到饱和状态，地球轨道上的卫星都将被摧毁，将清除掉互联网架构的大部分功能，包括天气数据以及通信导航等能力。太空大战将"毁掉太空"，人类将倒退几十年。

---

① 依据《中国人民解放军军语》的解释，电子对抗亦称电子战，即使用电磁能、定向能和声能等技术手段，控制电磁频谱，削弱、破坏敌方电子信息设备、系统、网络及相关武器系统或人员的作战效能，同时保护己方电子信息设备、系统、网络及相关武器系统和人员作战效能正常发挥的作战行动。电子作战是信息作战的主要形式，分为雷达对抗、通信对抗、光电对抗、无线电导航对抗、水声对抗，以及反辐射攻击等。网络战亦称网络对抗。在信息网络空间，为破坏敌方网络系统和网络信息，削弱其使用效能，保持己方网络系统和网络信息而实施的作战行动。网络空间作战应该定位为基于网络空间信息基础设施和数据信息的攻击和抗击行动，是以网络空间作战力量为主体，在网络空间战场围绕信息基础设施和数据信息所进行的攻击或抗击敌方行动，即网络进攻或防御行动。电磁空间作战，主要是在电磁频谱领域开展的攻防行动，包括声波、无线电、光学频谱、射线等领域电子设备的安全博弈，其表现形式为模拟信号的对抗，核心攻击技术是干扰压制、信号欺骗等，攻防博弈点是在电磁频谱领域。网络空间作战，主要是在计算机和网络领域开展的攻防行动，包括计算机、网络平台（信息基础设施）安全和信息安全博弈两部分，其表现形式为数字信息对抗，核心攻击技术是漏洞和协议脆弱性利用、密码破译、后门预置等，攻防博弈点是在信息基础设施及其信息数据方面.

② 窦国庆. 大国兵智——新型作战能力与战争战略. 中国人民公安大学出版社，2016：169 - 170.

据此可判断，未来"星球大战"的核心趋势是对抗，而不是对攻。相互竞争的双方强大的太空作战系统在太空中可能均处于引势待发的状态。在这种情况下，具有令对手无法防御的进攻能力以及高效的太空态势感知和预警能力，便成为决定对抗态势的首要关键。一个国家为了获得全面优势，现实很可能的情况便是对别国的卫星实施软杀伤，并以强大的硬杀伤实力作为威慑，阻止对手对自身卫星下手。因此，哪怕总体上处于劣势，只要具有强大高效的空间态势感知能力和预警能力，能在第一时间知道是谁在对己方卫星实施软杀伤，并具备一两项对方无法制约的"几招鲜"非对称进攻能力，弱者也足以威慑遏制敌人，从而保护自己。因此，从这个角度看，太空能力作为全球设施，其角色愈发重要，它将真正互联的世界经济社会连为一体，太空系统存在令人信服的安全理由。人类应努力将太空能力的发展用于维护和平过程中危机管理和战争预防工具，而不是用作战争的助手。

此时，我们再看美国康奈尔大学军事和海军历史学家巴里·施特劳斯所说的"太空部队独立成军不是总统拍拍脑袋就能做成的，必须经由国会辩论和讨论"就不足为奇了。所以，据此看美国太空部队是否是真的要或真的能独立成军，还真是需要长期关注甚至是保持警惕，或许是其实施的战略欺骗至少是战略忽悠也不是没有这种可能。换句话讲，美国太空部队独立成军虽道路不会一帆风顺，但未来的发展趋势不可不防。这或许与特朗普的个性和意志以及美国所处的战略形势演化紧密相关，值得长期关注。

第三章 维护太空安全的战略思考

实践的目的就在于发现"奇境",面对新情况,解决新问题。太空对于保障国家安全和提高国家综合实力意义重大。近年来,伴随国际太空领域日益呈现拥挤、竞争、对抗的趋势,特别是太空冷战、霸权思维的兴起,太空安全受到严重威胁。对此,既可乘势而为,为防而防、以攻促防,正面破解风险,维护太空安全;又可剑出偏锋,走非对称策略,体系增强太空发展权、主导权、控制权;还可"以临制天"抵消霸权国家太空优势,维护国家太空安全。

一、冷战、霸权思维威胁太空安全

早在 1982 年,美国陆军的一位退役中将格雷厄姆在向当时的美国总统里根递交的《高边疆:新的国家战略》报告中曾指出,地球外层空间的开发将日趋影响一个国家的国家安全和国家利益。时至今日,面对美国领导和控制太空的冷战、霸权思维不变,国际空天安全环境极其严峻,太空已成为大国战略竞争的制高点、国家安全的高边疆和军事斗争的新战场。

(一)美国领导和控制太空的野心不会改变

美国对太空利益有明确的界定,即"太空与美国的国家安全生死攸关","太空稳定是美国国家安全的根本利益"。尽管近年来美国对太空安全战略进行调整转型,既呼吁太空和平利用,又呼吁太空威胁日益严峻;既强调其太空领导霸权,又重视多边合作;既在备战太空,又在威慑止战,战略政策等频繁出台,让人应接不暇,但这一"组合拳"的宗旨没有变,即实现领导和控制太空的战略目标。特朗普政府上台后，仍聚焦于高端对手的战略竞争，其《国家安全战略》特别强调，必须维持在太空的领导力和行动自由。然而，领导太空需以控制太空的实力做保障。从特朗普政府的太空政策看，其将继续大力发展太空防御和进攻能力。从更大的战略竞争格局看，美国对竞争对手战略的变化，也表明其对太空安全的威胁只会增加。① 比如，美国对中国的定位由"伙伴"改为"对手"，虽还不是"敌人"，但已充分表明美国对华战略已经发生了质变。再如，美国对华战略由"接触"改为"遏制"，已充分表明其对中国开始实施"遏制"战略。在这一大背景下，美国对中国的限制范围，特别是诸如太空这类高科技领域的限制甚至遏制会变本加厉。

（二）太空安全环境日趋严峻复杂

尽管各国都在反对太空军事化尤其是太空武器化，但实际上太空军事化武器化的趋势不可逆转。长期以来，世界强国视太空为大国战略博弈与制衡的新筹码，围绕太空主导权的争夺日趋激烈。比如，1982 年美国空军即正式颁布第一部《太空作战条令》，1998 年美国航天司令部在颁布《2020 年展望》中提出空间控制、全球作战、力量集成和全球合作等太空战思想，2002 年 8 月美国国防部公布《联合太空作战行动纲要》，2004 年 8 月美国空军公布《反太空作战行动纲要》等。时至今日，2018 年 1 月新版《美国国防战略》明确提出，美国的核心挑战是与中国和俄罗斯的长期战略竞争。美军高调推出的"空海一体战"②作战构想等，实质是实施一体化、网络化的全纵深空天打击，尤其是其正在积极发展具有一小时打击全球能力的"快速打击系统"，有可能从根本上改变传统攻防战略格局。最为重要的是，

---

① 许善达. 新时代科技发展在我国国际关系战略中的地位. 经济导刊，2018（7）.

② 美国"空海一体战"设想的 6 种行动中，第一个就是太空与网络信息"致盲行动"，即利用电子战和网络战力量，对敌卫星、作战网络、雷达和传感器等关键信息节点实施攻击，使敌作战行动丧失支撑，为其夺取太空、天空、海上、网空等控制权创造有利条件.

美国具有强大的太空攻防能力，特别是其强大的太空态势感知能力①和对非合作太空目标"无形"的软杀伤以及硬杀伤能力②，会对其战略竞争对手的太空及地面设施造成严重威胁。再者，美国正在实施的太空联盟行动，将直接对其战略竞争对手造成安全威胁，或间接对其战略竞争对手寻找航天技术国际合作空间进一步造成挤压。③ 因此，太空看似宁静，实则危机四伏。当前及未来一段时期，虽然国家安全的主要威胁来自海上，但因为海上方向的威胁也主要决胜于空天，所以国家安全最严重的威胁来自空天。④

二、"为防而防""以攻促防"维护太空安全

面对太空竞争新态势和太空安全面临的新威胁，维护太空安全需要以特殊航天力量为主，在其他军兵种和民用、商用航天力量等支援配合下，实施太空威慑行动、太空反击行动、太空防御行动以及太空信息支援行动等，以有效遏止和积极应对太空领域可能发生的重大突发事件。维护太空安全，既是在太空独立遂行任务的关键，又是通过太空支援陆、海、空等领域的基础，具有战略性强、行动结果影响重大，政策性强、决策指挥高度集中，时效性强、应急防卫行动快捷高效，技术性强、保障任务艰巨复杂，以及风险性高、甚至一招不慎满

---

① 美国计划到2020年对地球同步轨道卫星跟踪分辨率达到0.1米，对低轨道卫星跟踪分辨率达到0.01米。美国"锁眼"KH-12卫星分辨率为0.1米，"长曲棍球"雷达成像卫星分辨率为0.3米，正在部署的新一代光学卫星和未来成像体系雷达卫星分辨率更高；美国还部署了覆盖高中低轨的电子侦察卫星，可以实现24小时对重点区域的通信与雷达进行侦听.

② 美国可利用天基机动平台，对通信、导航卫星实施干扰、摧毁和捕获，削弱甚至剥夺太空信息获取和应用能力；利用陆、海、空军事优势对航天地面基础设施进行打击破坏；从大气层外使用各种太空武器，对战略目标进行打击，削弱战略竞争对手的整体作战能力.

③ 美国在澳大利亚部署太空监视设备，能够全面监测中国、朝鲜等国的航天和导弹发射。2014年美国与韩国签署备忘录，提升两国军事太空合作水平。2016年7月，美国与韩国决定在韩国部署"萨德"（THAAD）反导系统，该系统属末段高层区域拦截，其远端雷达探测范围可达2000千米，拦截高度50-150千米，其部署打破了地区战略平衡，对地区战略安全构成严重威胁.

④ 靳志瑞. 当前国家安全最严重的威胁来自空天. 中国国防报，2014年11月18日.

盘皆输等特点。

因此，从总体上看，维护太空安全的战略任务可描述为：面对太空领域安全体系短板弱项较多、防护手段缺乏，如果爆发冲突和对抗，太空资产安全难以保障，战略威慑体系也会面临失效危险的严峻局面，必须实时掌握太空威胁情况，具备追溯攻击源有效慑敌遏敌、弹性可逆的综合能力，必要时采取各种手段有效遂行防卫行动，保持天基信息系统的可靠运行。具体可从"为防而防"和"以攻促防"两个层面来理解。

一是为防而防。使用多种手段，力避他国航天器危险接近、己方航天器遭受攻击威胁、己方航天基地（站、船）遭受攻击威胁、他国对己方在境外的航天测控站（船）危险接近、己方空间信息链路遭遇干扰等。例如，通过增强天基信息系统的抗干扰抗毁伤能力、微小卫星快速发射重组补网、航天器在轨维修加固等，有效应对太空系统被摧毁和太空信息链路被干扰等威胁，有效应对太空信息被窃取利用或被篡改失真等威胁。采取佯动欺骗、隐蔽伪装等多种手段，抗敌精打，确保天基系统能力持续安全可靠存在。

二是以攻促防。使用多种手段，形成非对称优势，实施战略威慑和非对称制衡①，削弱对手的信息支援能力、空天打击能力和太空控制能力，破坏其天基信息系统与作战的平台、国家与军队的指挥系统，迅速推动战局或扭转被动局面。例如，充分发挥"杀手锏"武器装备的威慑作用，示形造势、充分展示太空及其他优势领域作战实力，增大对手的心理压力，必要时采取软硬毁伤手段予以震慑。采取多种手段，以扰乱敌，扰链阻通、减能降效，削弱对手太空攻防作战和支撑联合作战的整体能力。如通过太空或地面信号发射设备干扰对手广播电视、通信卫星的公共频道、星间或星地通信链路，实施空间目标电子干扰行动等。运用应急补网等方式，及时发射替补卫星，保持太空作战体系稳定，使对手对己方太空系统的威胁失效。此外，还可以运用多种强力手段进行源头打击等方式，直接瘫毁对手的地面航

① 非对称制衡，即针对对手弱点发展与对手不同的技术或战略，从而抗衡对手权力的扩张或缩小双方的实力差距。

天测控、发射、应用终端平台等目标，间接使其太空优势失效。必要时甚至可以采取太空进攻手段，直击要害、毁源断链，使对手的天基信息系统在一定时间内难以恢复。

三、体系增强太空发展权、主导权、控制权

具备维护太空安全的能力、有效遂行太空行动，事关提高基于网络信息体系联合作战能力、全域作战能力全局，事关国家安全全局。对此，须切实增强忧患意识、机遇意识和历史担当，把维护太空安全摆在关乎国家战略安全全局的高度，加强顶层设计和前瞻谋划，突出重点领域、把握关键要害，体系增强太空发展权、主导权、控制权，全面提高太空威慑和实战能力。

一是整体布局，抢占先机。针对力避太空资产安全难以保障、战略威慑体系面临失效风险的重大战略需求，以下好先手棋进行战略性、全局性力量前置理念为指导，积极推动太空目标态势感知、太空威慑、太空反击、太空防御、太空领域联合应急快反等新技术、新能力的前瞻筹划与战略预置。

二是立足国情，扬长避短。针对战略竞争对手太空攻防优势明显这一客观情况，贯彻以我为主、以己之长攻其之短的思维理念，动态研判战略环境、敌情、我情，坚持对称与非对称手段相结合，坚持防御性、自主性、有限性，坚持太空与其他领域斗争相结合，依需灵活运用多种手段，综合施策，有理有利有节反制对手太空威胁。

三是多域融合，天地一体。针对遂行太空行动，需依托天网一体、跨域协同这一实际，坚持融合才能强盛、一体方可制胜的战略理念，确保各类太空力量行动协调一致，与地面、海上、空中、网络等力量行动协调一致，体系支撑、一体联动、联合制胜，实现多域力量互相支援、相互增效，形成制胜的整体威力。

四是慑战并举，攻防兼备。针对太空攻守具有不平衡性、风险不确定性的突出特点，坚持"上医治未病、以不变应万变"，做好"加固"以积极预防太空系统受到干扰破坏，做好"追踪溯源"以及时

发现对太空系统进行干扰破坏的对手，做好"反击"以及时震慑遏止惩戒已对或欲对太空系统进行干扰破坏的敌人，做好"补充"以快速响应恢复确保实现敌对己方太空系统干扰破坏失效。这体现了进攻与防守之间的辩证关系、底线思维，是实现太空安全目标的保底性原则。

五是亮明红线，确保安全。2017 年 12 月，特朗普政府《国家安全战略》明确提出，任何干扰或攻击美国太空资产并对其利益造成威胁的行为将遭到报复。美国为维持其在太空自由行动的领导地位而明确的这一红线，无形中为其太空安全设置了一道"防火墙"。同样，因为其他国家手里的太空武器目前还不足以与其抗衡，只有亮出能够制衡其的"王牌"，并明确指出攻击或干扰他国太空装备即是对另一方宣战，才能威慑对手不敢攻击或干扰其他国家的太空力量。基于这一点考虑，也许能知道攻击或干扰己方太空装备的对手是谁，也就是具有有效的空间态势感知与追踪溯源能力就至关重要了。否则，有可能太空装备失效了，也不知道为什么失效、是谁干的，那么实施反击就无从谈起了。

四、剑出偏锋采取非对称策略"以临制天"

面对空天威胁的新态势，注重新型领域中对"灰色地带"的争夺，通过"天临融合、以临制天"，实现非对称找出路、跨域界寻突破。天临融合，即太空与临近空间两个领域的力量融合。以临制天，即通过获取制临近空间权，进而为己方获取制天权助力，为抵消敌太空优势助力。这是因为，临近空间在物理上是航空空间和航天空间的衔接"过渡"、在应用上既是航空空间和航天空间的增强"纽带"，更是阻断航天空间的有力"屏障"。

进入 21 世纪以来，临近空间成为战略竞争的又一重要领域，正逐渐成为大国战略竞争的新制高点。获取制临近空间权，可以"反制天"，是破解对手空、天、海优势的有效途径，是实施非对称空间作战的关键所在。长远看，未来战争中，对手若能实现空、天、网一体的战略突袭，那么，对于战争而言，可能空、天、网一体战略突袭的首战就是终战。然而，真理总是在变化中形成和发展的。直面新变化新挑战，着眼国家安全全局与长远发展，从战略高度对太空和临近空间以及网络空间一体化之"空、天、网"大安全进行战略筹划，发挥临近空间与太空、网络空间的战略合力，是实现以小博大、以弱胜强的有效途径。

长期以来，"空天一体"一直被认为是未来战争的主要形态。1959 年，美国空军即首次提出"空天一体"的概念，将空军条令中的"航空力量"更改为"航空航天力量"，将地球表面以上的整个空间称为"航空航天空间"，并视为空军的作战环境。[①] 然而，在临近空间飞行器出现尤其是大规模应用之前，尽管"空"与"天"原本不分，但由于多方面条件限制，空中与太空应用尚未进行真正融合，所谓"空天一体"并没有真正全面地涵盖整个空天区域。目前，随着航空航天技术以及信息化技术、太空网络技术的发展，空间无缝性和整体性趋势凸显。如通过多种网络攻击手段，秘密遂行太空无烟战争，或许会成为未来太空及其地面支持与应用战场的主要形态。[②③④⑤⑥]

伴随这一趋势，一方面，临近空间飞行器的出现，将连接太空与航空空间，使太空、临近空间、航空空间无缝衔接，实现真正的空天一体。美国已筹建的"国家太空防御中心"以及俄罗斯已组建的空天军，均具备"空、天、临"跨域作战能力。另一方面，前瞻新军事革

---

① 戴旭. C 形包围Ⅱ：Q 形绞索——21 世纪美国征服世界路线图及对华战略围堵新态势. 长江文艺出版社，2017：208.

② 2013 年 2 月 5 日，美国联合出版物 3 - 12（R）《网络作战行动》指出，由于太空战士无法置身太空，太空作战行动在网空领域内外发生，因此，太空和网空关系的独特性在于几乎所有的太空作战行动都依赖网空，而网空的某些关键功能也只有通过太空行动才能提供.

③ 白鹏万. 从外军太空演习看未来天战发展趋势. 空军装备，2015 年 5 月.

④ 孙龙，方勇. 美军太空与网络跨域融合问题研究. 战略前沿技术，2016 年 12 月 24 日.

⑤ 邓招，张晓玉. 太空中的网络安全问题. 网络空间安全，2017 年第 10 期.

⑥ 仲晶. 太空：未来美俄角逐的新战场. 解放军报，2017 年 2 月 3 日.

命网络赋能向"全维空间"拓展、"作战云"推动"集网成云"以及空天人工智能技术发展潮流，空天一体将向更高阶段演化，空、天、网三个领域将深度融合形成"大航天"，并催生智能空天时代，对人类社会发展、大国战略博弈、国际秩序重塑发挥系统性涌现性效能。其中，临近空间将在"大航天"形成过程中发挥重要的"纽带"作用，自然会成为大国战略竞争的新制高点。

第四章　临近空间是独特的新型安全空间

陆地、海洋、空中、太空以及网络等任何一类领域都是以其独特的战略价值而存在。大国战略竞争中，当传统自然地理空间威慑失效时，新型空间威慑的能力便成为大国积极争夺的新制高点。研究国家安全问题，就是要有开放性眼光，从而避免局限于当下的传统安全领域而忽视新型安全领域。临近空间作为"陆、海、空、天"之外的新型自然地理空间，虽是"空"与"天"的结合部或过渡区，但其属于独立于传统的航空与航天领域、且目前仍无国际法则约束的又一新型安全领域。且由于临近空间独特的高度环境特征，临近空间在应用、功能以及对于一个国家的安全方面，具有突出的特殊性，代表着一个国家利益新的发展空间及未来战争空间的最新拓展，是争取国际战略竞争主导力量优势的最新演变和制胜未来战争机理组成要素的最新发展，是大国战略竞争的又一新制高点。

一、临近空间是航空空间与航天空间的结合部

从空间资源利用的角度，空间可分为航空空间、临近空间、航天空间。其中，航天器运行空域为航天空间，也称为太空空间或外太空、外空；航空器飞行空域为航空空间。航空空间目前存在"领空主权"的概念，太空空间仍属于"全球公域"的范畴。"全球公域"是指不受单个国家控制，同时又为各国所依赖的领域或区域。临近空间，是近年来随着人类空天技术的发展而新出现的一个名词，又称近太空、亚太空、超高空、空天过渡区、亚轨道、横断区等。

临近空间目前尚没有公认的、正式的"官方定义"。国际上一个

比较统一的认识是：临近空间的最低高度是传统航空器实用升限的上限，最高高度是低轨卫星运行高度的下限。国际航空联合会给出的临近空间大致范围是距地面 23～100 千米，美国空军曾定义临近空间的高度范围为距地面 20～300 千米。目前，国内广泛认同的临近空间高度范围为距地面 20～100 千米，大致包括部分平流层（20～55 千米）、全部中间层（55～85 千米）和部分电离层（85～100 千米）。把 20 千米作为临近空间的最低底界，主要是因为它必须在国际民航组织控制的 18.13 千米空域之上；把 100 千米作为临近空间的最高界限，主要是依据国际航空联合会的定义，并考虑已有国际空域主权的协议和惯例。如在航天技术领域，通常将地球表面 100～120 千米以上直至遥远宇宙的区域称为空间或太空。由此，认为临近空间是介于传统的航空空间与航天空间之间即 20～100 千米之间的空域是合理的。

那么，临近空间属于一个国家的领空范围吗？笔者认为，答案是肯定的。虽然临近空间在高度上位于航空空间和航天空间之间，但按照领空的高度范围界定，临近空间理应属于一个国家的领空范围。领空是指主权国家领陆和领海上空的空气空间，是国家领土的组成部分。《巴黎航空公约》和《国际民用航空公约》规定，国家对其领土上空的空气空间享有绝对主权。主权国家领陆和领海垂直向太空 100 千米之内的空间，称之为领空。国家对领空具有完全的、排他的主权，对其实行完全的管辖和管制。另外，多数国家政府也默认中间层以外（85 千米以上）的空间不属于领空范围。可见，一个国家对其领空范围内的临近空间理应具有完全的、排他的主权，对其实行完全的管辖和管制。且由于飞行原理更类似航空飞行器而非航天器，临近空间飞行器不可能像卫星那样只能环绕地球做周期性飞行，而是可以被控制在某一特定区域内活动。这样，没有哪个国家愿意别国的临近空间飞行器在自己头顶上晃悠。只是由于长期以来很少有飞行器能够飞入临近空间高度范围区域，因此，临近空间长期受到"忽视"罢了。

实际上，"空"与"天"是一个统一的领域，均属于地球表面以上的空间领域。但在人类发射人造地球卫星后，业界考虑到大气层与大气层外的空间介质不同、航空器与航天器的飞行原理不同，就把地球表面以上的整个空间垂直分为空气空间和外层空间，也通常将空气空间称为航空空间，简称为"空"，将外层空间称为太空空间或航天空间，简称为"天"。但随着临近空间这一概念的出现，之前所述的空气空间可以进一步细分，除一般认为包括 20 千米以下的航空空间外，应该还包括航空空间之上的临近空间。2017 年 1 月 5 日，《解放军报》军事论坛栏目即刊文指出，临近空间是将航空与航天有机连接在一体的强劲纽带，正显示其势不可挡的强大军事潜力，将带来作战方式甚至战争样式的革命性变革。临近空间在高度上作为"航空空间"与"航天空间"的结合部或过渡区的特殊地位显而易见。

二、是临近空间飞行器的飞行特区

相对于航空空间、航天空间，临近空间具有独特的环境特点与力学特性。临近空间虽是"航空空间"与"航天空间"的结合部或过渡区域，却是传统航空航天飞行器的应用禁区。由于受到临近空间物理高度和空气密度等环境特点的影响，传统航空器和航天器都无法在临近空间领域内飞行。一方面，临近空间内的空气密度对于飞机等传统航空器而言过于稀薄，在减少阻力的同时也减少了对航空器的支撑，传统航空器无法获得足够气动升力而飞行，一般"上不去"临近空间。目前主流的战斗机的实用升限大概都在 20 千米，很难再进入 20 千米以上的临近空间。另一方面，对于速度过高的传统航天器而言，临近空间内的稀薄空气却又显得过于稠密，摩擦阻力较大，会引起强烈的气动阻力和气动热，造成严重的速度衰减和烧蚀，难以维持其第一宇宙速度的运行轨道而导致陨落，即航天器"下不来"临近空间。此外，临近空间低温、辐照、臭氧等环境特点，也容易造成飞行器电子部件发生故障。因此，临近空间也可以被称为传统航空器或航天器的"死亡禁区"。

区别于传统的航天器或航空器，一般是把只在或能在临近空间区域作长期、持续飞行并完成特定任务的飞行器称为临近空间飞行器，简称"临空器"。可见，临近空间飞行器特指飞行区域高于普通航空飞行器（传统航空器）飞行空间、而低于轨道飞行器（传统航天器）运行空间区域的飞行器。从临近空间穿越而过的火箭、导弹等，或仅可在较短时间内跃升越过临近空间下界的传统航空器等，并不属于临近空间飞行器的范畴。以马赫数 3 为界限，可将临近空间飞行器分为高速临近空间飞行器、低速临近空间飞行器两类；有时也以马赫数 0.7 或 0.5 为界限，将临近空间飞行器分为低动态临近空间飞行器和高动态临近空间飞行器两类。低速临近空间飞行器，按照飞行动力与推进形式不同，又可分为高空气球、平流层飞艇、高高空长航时无人机等。高速临近空间飞行器，按照速度不同，又可分为超声速平台、高超声速平台以及空天往返飞行器等。目前对于高速临近空间飞行器，业界往往更关注高超声速平台，如高超声速助推 – 滑翔飞行器、高超声速巡航飞行器、高超声速飞机等。

相对于受临近空间环境条件限制传统航空器"上不去"临近空间、航天器"下不来"临近空间，临近空间特殊的高度环境资源反而支撑了临近空间飞行器进入临近空间。一方面，临近空间大气密度明显低于航空空间稠密大气环境且随高度增加成指数下降，稀薄大气与高速相结合，可实现气动力与气动热的综合平衡，既能够为高速临近空间飞行器提供一定升力，又可将气动加热控制在可承受的范围内，既使得高速临近空间飞行器气动阻力显著降低，缓解高速临近空间飞行器速度损失，又能够为吸气式动力系统提供工作所需空气。因此，特别适合高速临近空间飞行器实现 5 倍声速以上（马赫数大于 5）的高超声速机动与长时间飞行。如在临近空间高度，一架高超声速飞行器的实际飞行速度可达 1500 米/秒以上。另一方面，临近空间处于对流层之上，不会发生云、雨、雷暴等强烈的天气现象，大气以水平运动为主，很少发生垂直方向的对流运动，风速分布基本规律相同，且变化周期较长，特别适合依靠空气浮力的低速临近空间飞行器持久留空。尤其是在临近空间底层（约 20~24 千米），平均风速较小，且随季节变化小，低速临近空间飞行器在此高度范围内仅需很小的能量驱动推进装置即可平衡风场的影响，实现在某一临近空间区域长达数月乃至数年的持久驻留或飞行。

当然，要实现临近空间飞行器进入临近空间区域，需要有新材料新动力新结构等方面技术发展的支撑，需要有新应用新需求的牵引和推动。这也许也是为什么多年来临近空间飞行器一直没有大规模应用的原因。而目前情况已大为不同，技术的支撑与需求的牵引，正像两驾马车一样在奋力拽着临近空间加速走向大国竞争的前沿！

三、应用上丰富多样拓宽时空特性

借助于临近空间独特的空间环境特征，临近空间飞行器在应用上兼有天基装备居高临下的俯瞰优势和空基装备灵活机动的便利优势，既可用于全天候高速率无线网络覆盖、高分辨率地理测绘、高空交通指挥、对地高精度监控、对天高清晰成像等，又可作为动能攻击、非动能攻击、电子和网络平台，具有遂行多样化任务的综合应用潜力。

一方面，低速临近空间飞行器具有驻空时间长、隐身性能好、生存能力强，载荷能力强、分辨率足够高，机动部署速度快、效费比高等优特点，区位与平台抵近优势明显，其发展定位主要是独自构建 C^4ISR 系统，或发挥"纽带"作用，与"陆、海、空、天"等装备协同构建 C^4ISR 体系，增强 C^4ISR 能力，重点应用于侦察监视、预警探测、通信中继、电子对抗等高高空长航时信息服务领域。此外，低速临近空间飞行器也可作为空中运输、空中发射、武器搭载、航天发射等平台，具有执行多种任务以及夺取制临近空间权、反制强敌空天优势的重大潜力。

另一方面，高速临近空间飞行器具有发射模式灵活、载荷多样，高速、高机动快速远程精确打击，以及"速度即隐身"① 带来的突防成功率高、生存能力强等优特点，其发展定位主要是获取对远距离甚至是全球范围内重要目标的快速响应打击能力，重点用于全球力量快速投送、对地快速精确打击、天地往返运输以及拦截弹道导弹、摧毁敌方空间系统等领域。天下武功，唯快不破。自古以来，突然袭击即具备诸多优势，往往令对手防不胜防。其中，融合"高高空、高超速、高机动"特点于一体的临近空间高超声速飞行器，将使未来战场空间更加广阔、飞行器突防能力更加强大、快速机动精确作战更加高效，兼具战略威慑和实战应用，已成为军事大国为打破战略平衡、把握战略主动、打赢未来战争极力发展的新型"杀手锏"。此外，高速临近空间飞行器也有望充当应急信息支援的"救火队"，从而有助于提升信息化应急作战能力；还有望成为高速运输平台，从而在距离上为实现"地球村"添彩。

值得关注的是，认识战争和指导战争的重要依据——战争的时空特性，将因临近空间飞行器的出场而发生新变化。对于现代战争而言，其时间高度压缩、要素急剧升值，战争进入发现即摧毁的"秒杀"时代，其空间空前拓展、多维交叠，多维战场空间融为一体。临近空间飞行器应用的多样性，正在成为战争时空特性发生重大变化的催化剂。一方面，低速临近空间飞行器在通信中继等方面的应用，使陆、海、空、天、网等多个战场空间融为一体。另一方面，高速临近空间飞行器特别是高超声速飞行器，在大大缩短战场杀伤链时间的同时，也将实现全球跨域打击。特别是对于要求实施一体化联合作战的信息化战争体系对抗而言，对于破天断链击点毁网"击节打要"攻防

---

① 高超声速飞行器高速飞行过程中气动光学效应影响光学设备对目标的探测和识别，同时振动和大过载机动，可严重影响高分辨率成像；高超声速飞行器通常采用的扁平前体结构，也会使雷达体积（特别是天线尺寸）受限，同时气动加热引起的热噪声问题突出，影响成像探测；此外，高速飞行器机体周围形成等离子体鞘套，电磁波产生反射、折射及散射，同时吸收电磁波能量，产生射频黑障，影响通信设备正常工作。除上述高速带来技术方面的隐身外，高超声速飞行器以 5 马赫以上的速度实施突防，将导致现有防御系统没有足够的预警时间，即使发现目标也难以实施拦截，从而颠覆现有的空防规则，这更直接说明"速度是新的隐身"。

行动而言，临近空间力量将发挥重要作用。

四、功能上具有不可替代性与一票否决性

登高望远，见微知著。随着战略前沿技术尤其是颠覆性技术持续取得重大突破，"空天一体"已成为世界新军事革命的重要内容，吹响了新军事革命的新号角。信息主导、精打要害、联合制胜的体系作战，反映了现代战争特点规律和制胜机理。临近空间强劲的"纽带"作用将使实现"空天一体"和体系作战离不开临近空间。

然而，在临近空间飞行器出现之前，由于多方面条件的限制，空中与太空应用与作战尚未进行深度融合，所谓的"空天一体"并不完整或并没有真正全面涵盖整个空天区域。也许正是因为如此，在空间应用的发展时期，伴随航空航天技术以及信息化战争的发展，不断凸显的空间无缝性和整体性，促进军事和民用领域都在不断拓展更广阔的太空战略目标。例如，美国空军提出的以"全球警戒、全球到达、全球力量"为核心的战略构想，即是将地表以上的空间视为一个统一整体，航空航天区域不再有绝对界限。但是，人们很快发现，在地表以上的空间中，仍然有一片人类尚未涉足的空白区，即处于航空空间与航天空间之间、承上启下并具有特殊环境特性的临近空间。为充分利用空间、有效控制空间、确保空间优势，也为了为高依赖性和高脆弱性的太空资产提供备份，美军基于长期对临近空间开发与应用的基础，在 2005 年的"施里弗－3"太空战演习中，首次将临近空间纳入太空作战范畴，首次引入"临近空间飞行器"的概念，力图将临近空间飞行器和太空基础设施与陆、海、空武器系统进行无缝集成，以发挥作战整体效能，提高空间攻防与联合作战的整体能力。

至此，介于空与天之间的临近空间，不但打开了全新的航空与航天之间融合的大门，更是以全新的面貌进入人类视野。它既可弥补航空、航天能力的不足，还可与航空、航天能力有机协同，除可用于空间利用、科学研究、环境监测、洲际通信等目的外，也是各国开展太空开发与应用无法绕过的区域，在空天一体化趋势中对空天攻防和信

息对抗也将发挥重要作用，推动空天一体化作战向更高级阶段演进。因此，只有实现了临近空间飞行器与航天器以及航空器之间的相互配合协同，发挥临近空间与航空、太空战略合力，"空"与"天"才能实现彻底融合，成为真正意义上的"空天领域"。欲实现真正的"空天一体"，维护国家总体安全与发展，则不可绕过临近空间。进一步看，伴随信息化技术、太空网络技术以及空天人工智能技术等发展新潮流，临近空间作为类似甚至胜于太空空间的"大航天"网络新路由、新节点，可发挥"充分利用空天、有效控制空天、增强空天优势"的系统性溢出效能，进而实现空天一体优势的涌现性行为，具有不可替代的地位作用，主要表现在"强天拓空"与"断天隔空"两个方面。

例如，夺取制天权，是夺取战场综合控制权新的制高点，核心是形成太空非对称优势，削弱敌信息支援能力、空天打击能力和太空控制能力，保护己方天基信息系统、平台安全，通过太空侦察预警、信息支援、攻防行动，为夺取战场综合控制权提供战略支撑。此时，空天战场成为实施侦察预警、战略打击等行动的主战场。恰恰是在这个主战场中，临近空间飞行器首先可弥补航空航天力量不足，实现"强天拓空"。如可与天基系统等协同，"倍增"或"补盲"信息支援等能力；可飞的更高、更快、更远，从而拓宽航空平台在侦察、监视、预警以及打击等方面的应用领域；可发挥传统航空器"分内"甚至是"分外"的功能，在战场信息获取、通信保障、电子对抗、快速远程精确打击等方面发挥良好效果。此外，将来以多种方式进行的临近空间活动也将产生重大的经济效益，对一个国家未来经济社会发展产生重大的正向影响。

但值得警惕的也许正是其具有的一票否决性特点。如在军事领域，正是由于临近空间飞行器所处"中间层"的特殊位置优势，利用临近空间平台能够实现"上可制天、下可制空＼制地＼制海＼制信息"的独特功能①，具有"切断"空天一体与全域融合、打破太空作

---

① 临近空间成为各国悉心经营的战略新高地．半月谈环球看点，2015 年 07 月 07 日．

为战争"食物链"最高端的优势和潜力，从而对传统的"空天一体"产生颠覆性的一票否决之效果。就像航空母舰使海战规则发生变革一样，临近空间飞行器将使未来空天一体作战规则发生变革！那么，为什么临近空间具有上可制天、下可制空＼制地＼制海＼制信息的作用呢？

善攻者，动于九天之上。一方面，天基平台虽"动"于九天之上，但受轨道动力学限制，它实际是"固"于九天之上，若面对机动性强的临近空间作战群"守株待兔"式的局部攻击优势，天基平台明显处于劣势，制天权的效率将被严重削弱。另一方面，制临近空间权是制空权的上层，具有高度上的打击和信息优势。失去制临近空间权，制空权也随之失去。而失去了制天权和制空权，制信息权将无从谈起。简而言之，临近空间飞行器可"断天隔空"，对空天力量产生一票否决的效果。如临近空间飞行器可作为武器平台，直接对天基系统等进行硬杀伤或软杀伤，使天基系统失效，实现"以临制天"；还可用于干扰天地通信链路，实现"以临屏天或扰天"。相比地基、海基平台，临近空间飞行器更接近天基平台，对天基平台的攻击效果自然更好。如临近空间高超声速飞行器，上可威胁天基平台，下可攻击航空器等空基平台、弹道导弹发射系统与航空母舰等高价值机动目标和时敏目标、加固和深藏地下的战略目标等。①

五、安全上是"悬顶之剑"攸关全局

临近空间在应用和功能上的巨大战略价值，使其成为撬动人类经济社会发展的有力"杠杆"、国家综合实力与国际地位提升的强劲"引擎"，在对世界安全形势和军事竞争格局产生革命性影响的同时，必将激发世界大国围绕临近空间优势争夺展开激烈竞争，甚至会造成一个国家临近空间的发展面临其他国家遏制的局面，从而影响该国安全与发展利益拓展。

---

① 赵敏，岳韶华，贺正洪，孙文．未来临近空间防御作战研究．飞航导弹，2017（2）．

尽管临近空间也往往被认为与网络空间、太空类似也属于新型战略空间甚至是全球公域，但从环境特点、飞行器运行机理、应用等方面看，临近空间具有其特殊性。反而是太空和网络之间在应用层面存在更多相似之处。例如，太空和网络这两个领域，至少今天，主要用来收集和传输信息。二者在其他力量要素进行的破坏性极大的作战行动中起着关键作用。至少还是在今天，二者需要做的更多的是追求功能影响，而不是对敌人造成有形破坏，甚至二者都可以在很大程度上帮助对敌人造成有形破坏。此外，在这两个领域中，作战行动都是作战员坐在操纵台和键盘前远程进行的，不仅是在每种介质以外的地方指挥作战，而且还是以一种无伤害方式进行的。两个领域中的作战覆盖范围和影响都可以是全球性的，并且两个领域具有重叠部分，就像两个有交集的大圆，只不过随着相关技术的发展，这两个大圆之间的交集在日益增大而已。例如，从 GPS 信号人为干扰到使用卫星辅助弹药攻击目标，既是一种太空对抗行动，也是一种网络战行动，是两个作战竞技场同时寻求的预期效果。① 相反，临近空间虽从国际法规方面看尚属于全球公域，但由于临近空间飞行器空气动力学飞行原理与太空航天器轨道动力学运动原理以及网络运用与作战原理截然不同，临近空间飞行器不可能像航天器似的可以绕地球飞行，也不可能像网络信息一样在全球"光速"传输。因此，至少从今天看，临近空间飞行器也不会像太空系统那样是全球性的，而将主要在一个国家自己的领空上方区域运行，必要时或将突破进入公空或敌方上空执行任务，实现对局部区域进行控制或打击等。但同时也应看到临近空间飞行器对一个国家网络空间、航天空间力量运行的重要支撑甚至是增强作用，而对敌方网络空间、航天空间力量运行的"负面"抵消作用。

然而，相对于网络空间已有《联合国宪法》以及公认的国际法和国际关系准则等给予一定的规范或约束，太空空间已有《外空条约》等给予一定的规范和约束，相对于深海、极地等其他新型领域的竞争以资源获取、通道争夺为主且离一个国家国土安全较远的特点，临近

---

① 美国国防大学国家战略研究所编，李智等译. 天权理论. 国防工业出版社，2014：300.

空间一则尚无国际规则约束，二则每一个国家"头顶上"都有自己的临近空间，谁也不可能从主观上允许别国的飞行器在自己头顶上的临近空间区域飞行，三则日新月异的临近空间技术可能在不经意间已经在多个领域产生颠覆性的影响，这就造成临近空间虽暂可认为属于"全球公域"的一个新领域，但实属攸关国家安全的"悬顶之剑"。①临近空间是人类空间拓展历史上的一个新节点，与制天权类似但又不同于制天权，制临近空间权不仅意味着对地球表面物理空间的覆盖，也意味着对稀薄大气层之外太空空间的支撑，而此处所谓的支撑具有两面性，是一把"双刃剑"。

临近空间武器的飞行高度、速度超出现有防空、反导体系设计能力边界，其时空特性打破传统基于弹道导弹预测原理的攻防博弈平衡，既可以避免绝大部分地面攻击，同时也能够有效实施对地攻击和对航天器的打击，将造成未来很长一段时间临近空间易攻难守的态势如临近空间高超声速飞行器"易攻难守"之优势已凸显。此时，若竞争双方出现不对称，则临近空间优势国家，有可能较早打破平衡，形成无人能及、无人能防的临近空间军事应用手段。甚至打着"合法"的幌子，"悄无声息"地侵犯他国上空临近空间领域，执行侦察、监视、通信干扰等任务，以及从临近空间直接打击他国陆、海、空、天等目标。由此可以看出，未来的临近空间力量，作为悬顶的"达摩克利斯之剑"，对一个国家安全和经济社会发展的重要性及强化临近空间战略经营的紧迫性时效性不言而喻。

总而言之，衡量新型领域、新型作战力量是否是真的"新"的重要标准之一，即是其在功能上促进战争作战机理、作战方式或指挥控制等方面发生根本性变化。现代战争制胜机理已由能量主导制胜向信息主导制胜转变、已由平台制胜向体系制胜转变、已由规模制胜向精确制胜转变、已由歼敌制胜向破体制胜转变。临近空间之所以被称为新型安全空间，临近空间力量之所以被称为新型作战力量，关键是其符合上述标准，能够加速制胜未来战争机理生成。新型力量关乎国家

---

① 强天林. 临近空间飞行器——空天一体战的"利器". 解放军报，2018 年 3 月 30 日，第 11 版.

战略安全全局，临近空间将成为新的制高点，临近空间飞行器将成为空天一体新的"利器"。将来谁控制了临近空间，谁就控制了世界。这就像一个庞大的社会组织体系从来不能忽视中间层力量一样。对于未来的空天一体，对于未来的空天安全，同样不能忽视中间层——临近空间！

第五章　临近空间蕴藏重大战略价值

当今世界，国际战略格局、全球地缘政治棋局、综合国力竞争的态势和特点发生重大变化，全球战略重心正在加速从西方向东方转移。围绕世界及地区秩序主导权的角逐激烈，大国间竞争与合作交织，战略博弈日趋升温。在这场大变局中，需要从维护国家主权、统一和领土完整，维护国家发展的重要战略机遇期，维护国家核心利益①出发，充分认识深远经略临近空间、抢占制临近空间权的重大价值。得临近空间者操胜算！临近空间蕴藏着高高空长航时信息服务、快速远程投送以及上可制天、下可制空/制地/制海/制信息等巨大价值。临近空间力量既可强天拓空，发挥乘积效应倍增多域融合新质作战能力，增强战略威慑与维护全球战略平衡能力；又可断天隔空，对多域力量联合运用一票否决。临近空间蕴藏的重大战略价值，可为捍卫国家主权、统一、领土完整提供战略支撑，为维护海外利益安全提供战略支撑，为促进世界和平与发展提供战略支撑。

一、是战略拓展的必争必保领域

当前及未来一段时期，世界仍然很不安宁，冷战思维、霸权主义、强权政治和新干涉主义又有新的发展。国际安全环境充满不确定性、不稳定性，小战不断、冲突不止、危机频发仍是常态，世界依然面临现实和潜在的战争威胁。发展新型能力事关未来战略竞争主动权，事关能否在新的领域或赛场成为主导者或领跑者。领跑者之所以

---

① 国家核心利益，即不惜用战争手段维护的利益，包括国家主权、国家安全、领土完整、国家统一、国家政治制度和社会大局的稳定、经济社会可持续发展的基本保障六个方面。

要领跑，是因为通过领跑能够在能力上牵住对手的视线，并提升自己的能力。特别是在临近空间这一新型战略领域形成新型作战力量，关乎一个国家战略安全和军队建设全局，是战略拓展的必争必保领域。

在陆、海、空、天以及网络、电磁等领域，美国已大幅领先于其他国家，并且正试图保持和扩大这种优势。被动式地跟仿美国以及其他强国发展轨迹，一定程度上可缩小与他们之间的差距，但在未来国际博弈中争取战略主动或将其战胜的可能性较小。因此，须积极拓展新的战略空间、发展新的战略能力，在新赛场掌握自己的一招鲜、几招鲜，方能实现在新赛场领跑。而临近空间正是这样的一个新赛场，为所有参赛选手国家提供了难得的历史机遇。主要大国均加紧在临近空间这一必争领域形成独特优势，以早日实现成为"领跑"者的战略目标。

特朗普政府《美国国防战略》提出，国家间的战略竞争是美国国家安全的首要问题，与中国和俄罗斯的长期竞争战略是国防部的首要优先事项。而太空已成为国际战略竞争的制高点、国家安全的高边疆和军事斗争的新战场。在太空领域，美国正在加快发展快速打击武器系统，构建从临近空间到太空的新型打击力量体系。这将极大改变传统的战略攻防格局，对空天领域作战产生革命性影响。太空将成为国家安全威胁的新来源，面临多元挑战和危险，如太空行动自由面临被限制或被剥夺的危险，军事行动面临受敌严密太空监视的危险，战略目标面临受敌太空打击的危险，战略打击手段面临遭敌太空拦截的危险。

面对上述危险和威胁，作为打破传统"天—空—地表"自然空间控制链条的"中上层"，临近空间的开发和利用不仅仅是某几项技术或装备的发展与应用，而是对国家安全、经济社会发展、科技进步、国防和军队建设、未来战争形态产生系统性连锁反应甚至是"颠覆性"影响的新型战略领域的开发和利用。对此，要以整体和系统的视角来看待。同时，临近空间这一新型战略领域，也是目前留给大国形成"领跑"优势的重要自然空间甚至是唯一的自然地理空间，对其的开发和利用不但对营造有利的战略态势、最大限度预防危机、积极化解和控制危机等具有重大战略性意义，对加速经济建设和社会发展、增强政治影响力、做好军事斗争准备、提高信息化以及智能化建设整体水平等也具有极其重要的现实意义，临近空间是国家重大利益之所在。对此，机遇意识的视角来看待。尤其是面对太空竞争面临的严峻威胁，发展临近空间力量也是抵消卫星本身脆弱性、避免对卫星过度依赖的重要途径甚至是唯一途径。太空态势感知和预警是维护太空安全战略筹划的首要任务，在临近空间部署力量也是增强太空态势感知和预警能力的可行途径，更是形成对太空资产依赖的有效替代方案，对严重依赖太空的强敌形成明显的非对称。从成本效益的角度看，大规模的太空攻防可能是最后一项选择，相对而言临近空间行动更适合用来达到制胜目的。

抢抓临近空间竞争新优势，既是运筹新型大国关系、争取战略博弈主动权的重要筹码，又是国家综合实力与国际地位提升的强劲引擎，更是制胜未来战争、保障国家安全的杀手锏。可以说是时不我待。须以战略必争必保空间的视角和高度，筹划临近空间战略设计，使经略临近空间早日产生系统的涌现性效应，在抵消战略竞争对手军事、科技等方面优势的同时，增强包括军事实力、经济实力、科技实力等在内的综合实力，从而避免始终处于追赶和适应对手的地位，力争使对手适应自己，扩大战略竞争主动权优势。

二、增强战略威慑与联合作战效能

世界新军事革命加速发展，战争形态演变的速度越来越快，作战手段日益信息化、多元化，指挥控制日益网络化、智能化，打击行动日益远程化、精确化，未来战争将进一步呈现大立体、非接触、体系对抗等特点。太空、网络、深海、极地、生物、智能等新型领域在日益成为国际竞争新焦点的同时，对国家安全的威胁与挑战日益增大。世界强国正在大力发展新型领域颠覆性技术，企图通过夺取新型领域优势，削弱甚至抵消战略竞争对手多年积聚的战略制衡能力。对此，必须主动适应战争形态与战略竞争局势演变，积极建立与打赢未来战争要求相适应的新型战略布局，探索新型领域非对称能力，掌握一定规模的先进战略性力量和手段，与时俱进形成有效的战略制衡能力。

一是临近空间可增强维护全球战略平衡的战略威慑与打击能力。当前，核武器的威慑作用在日益文明的国际社会和在大规模杀伤性武器扩散的风险中正在日益降低。使用核武器不仅遭到国际社会的道德压力和政治压力，而且容易遭到同样的核报复，既难以达到政治目标，也使自己处于巨大风险当中。① 纵观美军太空、网络、远程精打等新型作战能力发展的历史，其不断涌现的新型能力均有战略威慑与实战行动双重属性。常规新型能力催生出对所有潜在对手和现实对手造成心理震慑与模仿效应本身就是战略威慑。因此，除了核力量这个最根本的威慑力量外，也需要加快发展新型战略制衡力量和手段，丰富战略威慑选项，增加同强敌竞争或斗争的战略砝码。

临近空间作为维护国家安全的新型战略领域，环境特性复杂难以感知，高度和速度资源优势明显，有利于增强军事行动的隐蔽性和攻击的突然性。临近空间态势感知和高超声速即时打击系统，将成为打破既有战略平衡、改变全球战略态势的有效手段，成为构成新型战略稳定力量基础的关键要素。目前，世界主要大国都在加紧开辟战略威慑新空间，增加战略威慑新选项，构建从临近空间到太空的新型力量体系，这将成为继传统核威慑、常规威慑以外的新型威慑形式。同样，相对于传统的航天器或航空器，高速、低速临近空间飞行器各有优特点，将有力支撑实现突破岛链、经略两洋、走向海外、拓网控天的跨越，有望成为"强天拓空"以及"断天隔空"的"杀手锏"，从而形成有效的重大战略威慑与打击能力，丰富核常兼备、慑战一体的"核威慑＋"战略威慑体系，有利于维护亚太和全球战略稳定。

例如，对于任何国家都非常重要的政治、经济、军事设施目标，不断发展的临近空间快速远程精确打击力量已成为有效的威慑力量。高超声速飞行器将从根本上改变传统的战争时空观念，其高速度和高机动性（出其不意）特征，可带来猝不及防的全球快速打击能力、防

---

① 窦国庆. 大国兵器——新型作战能力与战争战略. 中国人民公安大学出版社，2016.

无可防的速度突防能力以及极强的战略毁伤效果，不但可提供具有"高超声速威慑"效果的新型常规威慑与打击手段，还可大幅提升二次核打击能力，极大削弱对手导弹防御系统功能，和平时期具有有效威慑与制衡力，冲突时期具备主控力，战时形成非对称决胜力。临近空间高超声速武器可与太空、空中远程快速打击力量组成空天打击力量，协同实施"远程快速点穴"式的战略战役威慑或打击，迅速推动战局或扭转被动局面。例如，高超声速导弹能够以 5 马赫以上的速度飞行，将使现有防空体系形同虚设。这样就像核武器在"阻止"战争爆发的作用一样，准备并能够对对手施以高超声速精确打击，对维护全球战略平衡、创造一个稳定的国际战略环境具有重大意义。

早在 1945 年 10 月英国作家乔治·奥威尔发现，虽然存在发生一场毁灭性战争的可能性，但由于这些国家之间"有一个心照不宣的互不攻击约定"，战争还是可以避免的。它们只会对那些没能力进行报复的国家威胁使用这种武器。① 因此，类似核武器，临近空间蕴藏的新型武器，不仅会在几个超级大国之间形成不稳定平衡，还会催生控制弱势国家的新的有效手段；它也许能够阻止一场大规模战争，但会制造"一种不是和平的和平"。临近空间新型武器也具有"劝诫"属性。然而，与核武器不同的是，与核武器相比，临近空间高超声速武器显然既是政治工具，更是真正的军事武器。因为对于核武器这样一种既可毁灭对方，也可能令自己性命难保的武器，任何政治团体在使用它之前都会非常谨慎。此外，低速临近空间飞行器作为武器平台，"上可对天、下可对地、中可对信息"的优势，在维护全球战略平衡中的作用也不应小觑。

二是临近空间可提升全域融合、多能高效的联合体系作战能力。随着新军事革命加速推进，战争形态加速向信息化智能化方向发展，一体化联合体系作战成为未来基本作战样式。这就决定了制信息权成为夺取战场综合控制权的核心，谁掌握了信息优势，谁就掌握了战争主动权。未来联合体系作战能力，集综合感知、信息攻防、实时指

---

① ［英］劳伦斯·弗里德曼著. 王坚，马娟娟译. 战略：一部历史. 社会科学文献出版社，2016：191.

控、快速机动、精确打击、全维防护、聚焦保障于一体，结网行动和系统对抗将成为战场的先进格斗术。其中，信息系统、体系作战是支撑联合体系作战能力的两大基础。信息系统是基础，体系作战是目的，二者缺一不可。要想制胜未来体系作战，必须使整个作战链条中的每一个环节均具有优势，这样才能发挥综合比较优势。因为作战时一个环节跟不上，则可能使整个链条失效。特别是对于未来联合作战中一切军事行动建立在充分信息支持上的特点，这一问题更加突出。

因此，尽管信息主导、精打要害、联合制胜是实施体系作战的核心要求，是打赢信息化战争的基本途径，但联合体系作战必须以信息技术为支撑。从信息化战争发展趋势看，太空不仅是最重要的信息支援力量，而且成为直接的对抗力量。对太空的控制将成为未来战争制胜的关键。正是基于太空力量在信息化战争中的突出贡献和关键作用，卫星和其他太空基础设施很可能在冲突中成为打击和干扰的对象，甚至一些民用卫星由于可能作为军事力量的补充，也极易成为被打击目标。2018年10月11～19日，美国空军太空司令部举行的"施里弗－2018"太空战演习，是继"施里弗－2009"、"施里弗－2010"之后又一次把提高遂行一体化太空与网络作战能力作为重要目标的"施里弗"太空战演习。这不仅凸显了太空与网络空间战略价值重大，同时也表明"天网一体"作战将成为制胜未来战争的关键，关乎一个国家战略安全与国防和军队建设全局，须加强战略筹划以有效应对风险和挑战。2018年8月28日，日本也宣布成立了太空和网络空间委员会，以强化网络和太空一体化能力。据日本《朝日新闻》2018年11月13日报道称，安倍着眼应对太空网络安全威胁主导修订《防卫计划大纲》，其重要目的之一即是提升网络和太空一体化能力，应对太空网络安全威胁。

对此，临近空间飞行器借助临近空间得天独厚的高度资源，一方面，不仅可独立发挥临近空间信息支援平台高位凝视优势和独特作用，构建富有弹性、适应性强、快速补充的信息系统支撑联合作战，更可与"陆、海、空、天"等信息系统协同，使联合体系高效指挥控制通信等信息系统功能倍增，增强信息优势，获取战场空间感知主导权。基于太空能力及未来基于临近空间能力在 ISR 前沿的提升，必将是空天力量等最终转型的核心任务。另一方面，临近空间作为联结空与天、整合全维战场优势的"纽带"，将与传统作战力量有机融合，发挥粘合剂和桥梁作用，在体系作战中形成战略预警、远海防卫、远程打击、战略投送、防空反导以及综合保障等新质大立体联合作战能力，[①] 成为整个作战链条中多环节要素体系高效释能的"倍增器"，进一步扩大力量投射能力。

此外，伴随世界新军事革命的深入发展，临近空间武器装备将在赢得信息化局部战争中远程精确化、智能化、隐身化、无人化等方面发挥结构性的综合效应，更将是未来以"空、天、网络"为主战场的联合作战中远程精打、空天袭击、网电攻防、无人作战等不可或缺的直接力量。尤其是在突出强调太空与信息战、远程精确打击以及远距离作战的新形势下，临近空间力量以其独有的先进机动方式与通信方式可使联合作战能量产生质变。而相比太空领域反卫星能力发展，反临近空间技术发展各国都尚处于探索阶段。对此，若能早日在临近空间力量发展方面形成突袭优势，一定能占据新的制高点。

总之，欲实现和提升全域融合的体系作战能力，特别是提升力量投送、远程精确打击和信息战领域制胜能力，则离不开临近空间。未来联合作战，在离不开利用临近空间力量进行支援和动能或非动能攻防的同时，也只有对临近空间、太空以及网络等一体发展和应用进行持续性关注和合并使用，每一种力量及其有机协同方可达到最佳效果。

三、推动科技创新与竞争力跃升

纵观古今中外，科技创新不但是构建国家安全的强大屏障、应对多样化安全挑战的强力支撑和根本途径，更是推动国际力量格局调整的重要向量。特别是战略前沿科技创新已成为衡量一个国家维护安全

---

① 张岳良，尹晓飞. 新质战斗力建设新论. 战略研究，2017 年 4 月.

和发展利益所需综合能力的重要标志、当今世界国家间综合国力竞争的重要指标。科技兴则民族兴，科技强则国家强。科学技术是军事发展中最活跃、最具革命性的因素，每一次重大科技进步和创新都会引起战争形态和作战方式的深刻变革。进入 21 世纪以来，全球科技创新进入空前密集活跃的时期，世界正处在新一轮科技和产业革命的前夜。在全球化的背景下，在科技革命的带动下，科技创新作为国家经济增长、国家竞争力增强的引擎，直接影响总体国家安全。

航空航天技术正在拓展人类生存发展的新疆域。伴随太空技术的发展，形成了许多边缘学科，由此带动世界科技发生质变，人类社会由工业化迈入信息化。① 同样，临近空间作为人类发展的又一新疆域，临近空间技术属于对国家经济社会发展、国防和军队建设产生重大影响的前沿科学技术②，涉及航空、航天、材料、控制等多个领域前沿技术突破，是推动相关领域科学技术军民融合深度发展的制高点和突破口。特别是伴随军事上的明确需求和新一代飞行器、亚轨道航天器等发展，临近空间正在成为开展科学问题探索、高技术研究与应用的新领域。

临近空间技术既是多学科关键技术的集成，更是航天和航空技术的高度融合，又代表着航空航天科技融合创新"金字塔"的顶点。临近空间科技创新，在进一步加速航空技术与航天技术融合创新的同时③，也将为航空技术突破"无人、更高、更快、更远"等带来颠覆性的变革，推动新一代航天飞机、重复使用航天运载器、高超声速飞机和空天飞机的发展，缩小甚至越过与先进国家之间的差距。同时，临近空间经济是新的增长点。临近空间技术的发展，需要以航空航天技术、信息技术、新材料技术、新能源技术等高新技术的发展为支撑。反过来，发展临近空间技术，又可以对一个国家科技的全面发展起到引领作用，促进高新技术的进步和转化，催生众多新学科新技术

---

① 戴旭．C 形包围Ⅱ：Q 形绞索——21 世纪美国征服世界路线图及对华战略围堵新态势．长江文艺出版社，2017：205 – 206.

② 刘书雷．世界国防战略前沿技术发展动向与影响．国防工业出版社，2014 年 6 月.

③ 郭彤．对临近空间武器的认识和思考．长缨，2014（4）.

新产业，实现新旧动能转换和经济结构优化升级，不断释放创新潜能，加速聚集创新要素，为建设科技强国、航天强国、制造强国、网络强国以及海洋强国等提供有力支撑，促进国际战略竞争力创新体系整体效能持续提升。比如，基于太阳能无人机的临近空间通信系统，可用于开发地面与太空之间的高度空间的潜在利益，提高通信容量和频谱利用率，降低系统设备成本和复杂性。基于临近空间飞行器的互联网是"一种具有远大应用前景、可以颠覆电信产业发展的新技术"，国际电信联盟将其定义为一种"弥补信息覆盖缝隙"的新技术，认为"它是下一代无线通信的基础，具有能够充分利用无线频谱资源、系统用户容量大、通信质量好、运营风险小等特点，并可以随时进行通信载荷的升级"。谷歌、Facebook 等公司已分别提出 Loon 热气球以及 Aquila 无人机等临近空间通信系统，统称为"伪卫星"通信网络。

四、拓展战略空间维护总体国家安全

当前，国家利益已经超越国界，呈现出全方位、多领域、大纵深拓展的趋势，海洋利益、太空利益、信息利益、海外利益等在国家利益全局中的地位日益凸显，要求国家安全和发展战略布局跟上国家利益拓展的步伐，既要把主要关注点放在维护国家主权、安全和领土完整上，又要高度重视国家利益拓展的新需求，经略新空间新领域，为国家和平发展提供坚强支撑和保障。历史表明，控制更大战略空间的一方总能获胜。[①] 正如伴随人类对太空依赖性的不断增强，太空安全不仅成为了国家安全的重要组成部分，而且成为了实现国家安全的先决条件一样，临近空间对维护总体国家安全的战略价值也将产生溢出带动效应。

临近空间作为空与天之间的过渡性空间，是通向空天一体的桥梁，可极大拓展空天应用范围与纵深，在"高超声速通道、持久飞行空间、空天结合节点"这三个方面的战略资源十分丰富。临近空间安

---

① 窦国庆. 大国兵器——新型作战能力与战争战略. 中国人民公安大学出版社，2016.

全事关国家航天、航空、信息、海洋等多个领域的安全，它的作用不仅在科学技术等领域，而是对保障政治、经济、军事、文化、太空、信息、海外利益和人类的社会生活等都将产生广泛而深远的影响。临近空间安全将为其他领域提供支撑，且与其他安全领域相互渗透、相互促进，成为国家安全新的关键节点甚至要害。利用临近空间独特的高度资源，既可进行临近空间科学技术试验，又可实现临近空间对陆、海、空、天的观测、通信及中转，为陆地、海洋和大气环境监测，重大自然灾害预警、防灾救灾，应急信息保障、高分辨率实时监视、反恐维稳，以及商业空天快速输送、空天发射①等提供至关重要的技术支持和保障。临近空间也是全球一体化、实现高效运输的重要手段。甚至可以这样讲，谁掌握了临近空间，谁就掌握了未来全球一体化的又一交通命脉。此外，临近空间飞行器与陆、海、空、天、网、电等系统协同，可促进经济社会快速发展，极大丰富在国际政治、经济、科技、军事以及外交等多个领域竞争的战略资源。

首先，临近空间既是传统武器突防的通道和天地往返飞行的门户，又是人类正在开发的高效飞行走廊。不但可弥补航空和太空战场信息感知手段的不足，而且是实现跨大气层飞行和天地往返、极高速远程战略投送、即时全球快速打击的必经之路。②利用临近空间力量可快速响应补盲重构战略通道，维护国家关键领域安全。临近空间可为实现空军等"走出去、走得更远"提供战略通道、平台和保障。利用临近空间平台可构建空天战略走廊远程作战通信网，为远程轰炸机、新型飞机等提供无缝通信覆盖，是"空天一体"超视距远程作战能力的基础。临近空间高超声速技术也是空军向上拓展空天战场的关键性支撑技术。临近空间技术的发展也有望催生进入太空、利用太空、控制太空的新途径。此外，有效进入和控制临近空间，还可在亚

---

① 例如，西班牙零到无限公司（zero2infinity）专门为科研和工程领域的客户发射临近空间气球。一是致力于用高空气球实现临近空间旅游；二是致力于用高空气球发射小卫星运载火箭，如正在集中力量研发的 Bloostar 小卫星运载火箭，即是采用高空气球作为卫星发射的第一级，之后再由火箭将卫星送入轨道。且在完成火箭发射后，高空气球还可以继续用作通信中继站。

② 张秦洞. 军队科学防范重大安全问题概论. 军事科学出版社，2015：134.

太地区等重要战略方向形成有利的应急或常态服务支援能力，可为获得对周边地区以及陆海战略交通线控制权提供重要保障，提高应对各种威胁、维护海外利益安全的能力。

其次，以临近空间高空太阳能无人机、临近空间浮空器和近地轨道卫星为平台，可构建多层次信息网络，实现全域信息覆盖和局域信息增强。[1] 可以预判，未来 10 ~ 20 年，基于临近空间平台的天基互联网将加速成熟。[2] 届时，临近空间与网络空间将交织融合，共同构成战略稳定链。缺少其中某一个领域，国家战略竞争与威慑体系的效果都将是有限的。正如网络空间的成败取决于太空，网络的关键功能只有通过太空才能实现一样，临近空间路由器将成为确保互联网、全球信息栅格数据流动的重要支撑。而同时临近空间力量的有效运行也需要网络，几乎所有的临近空间活动也都将依赖于网络，临近空间态势感知力量将通过空间网络协议实现组网，某种意义上也属于网络系统的组成部分。所以，维护太空、网络安全离不开临近空间安全。对维护总体国家安全，甚然如此。

五、提升大国地位和全球影响力

历史证明，一个没有政治能力的民族，便不可能真正具备经济能力。一个大国，如果在国际政治舞台上没有发言权，不能参与制定国际规则，那么，从根本上说经济是发展不起来的。[3] 军事能力与综合国力在当今世界全球秩序的建立和维护中仍然起着决定性作用。特别是，谁能抢占军事竞争的战略制高点，谁就能把握先机、占据主动。当前，核领域的安全威胁依然存在，海洋、太空、网络空间面临的安全威胁越来越突出，这些重大安全领域的军事斗争在国家战略全局中的地位作用不断上升，需要顺应世界竞争发展的大趋势，把握国家利

---

① 例如，Google、Facebook 等相继提出了 Google Loon 气球、Facebook 的高空太阳能无人机等项目，开始积极推动 WiFi 覆盖的全球化.

② 黄志澄. 新航天——创新驱动的商业航天. 电子工业出版社，2017：154.

③ 韩毓海. 重读毛泽东，从 1893 到 1949. 人民出版社，2017：250.

益拓展的新机遇，加强重大安全领域的战略指导，大力培育大国竞争与战斗力生成的新增长点，努力掌握军事斗争的战略主动权。

临近空间作为太空、网络等领域军事能力和综合国力新增长点的使能器，在临近空间领域形成优势，既是作为一个大国一个强国在科学技术发展上盘活资源、激发活力的一种体现，也是国家军事领先优势形成、整体实力和国际位势提升的象征，更是国家在未来国际竞争中的一种战略优势。同时，经略临近空间，摒弃"零和"竞争思维，走出一条新型领域战略竞争与合作特色之路，既是建设航空航天强国和科技创新强国的关键方向，也是实现富国与强军的战略性选择，更是参与全球治理、主导国际规则、塑造国际秩序的重要途径。

大国地位伴随着责任。当今，人类面临的共同安全威胁越来越多，任何一个国家，包括美国在内都无法独自解决①。将来，面对未来临近空间全球治理问题，如果不主动站出来，在世界范围内承担起维护和平稳定、促进合作共赢的责任，临近空间全球秩序的建立与维护将受到影响，这最终无疑会伤及自己。特别是在当下美国全球领导力正越来越受质疑之时，其他大国积极塑造其全球角色的时机已经到来，积极经略临近空间等新型领域应成为积极参与和引领全球治理的重要方面。② 这既有利于获得更多运筹新型大国关系、争取战略博弈主动权的重要筹码，巩固和扩大在全球战略竞争中的大国地位和综合优势，又有利于形成国家综合实力与国际地位提升的强劲引擎，为促进世界临近空间安全与发展、维护世界和平与发展作出历史性重大贡献。

---

① 2017年9月27日，美国兰德公司发布《高超声速导弹防扩散》报告，即提出美、中、俄等应从单边政策和多边政策两个方面讨论提出高超声速导弹及技术防扩散的措施建议.

② 财新传媒编辑部.世界期待一个怎样的中国.红旗出版社，2017：89.

第六章 临近空间国际博弈系统性展开

战略研判是战略运筹的重要环节，是战略思维的重要体现，更是战略决策的重要依据。密切跟踪、及时研判世界临近空间发展与竞争态势，对在临近空间国际博弈中抢占机遇、占领先机意义重大。总体来看，长期以来临近空间特殊的空间位置优势、巨大的军用民用价值，驱动人类活动范围逐渐向临近空间延伸和拓展；开发和利用临近空间将成为世界航空航天强国发展的必由之路，临近空间战略将决定着一个国家空天事业的兴衰成败，进而决定一个国家的命运。当前，世界正处于临近空间大规模开发应用的前夜。主要国家视临近空间为制胜未来战争的前沿竞争领域，围绕临近空间技术研发、军事和话语权优势争夺的竞争与合作并存，国际博弈系统性展开。随着时间推移，主要大国间临近空间力量对比或演进为一种战略上势均力敌、临近空间装备大量存在的状态，博弈将愈演愈烈。与此同时，世界也将迎来一个以全面商业化、创新驱动和军民融合为标志的临近空间时代，临近空间将成为全球治理的一个重要领域，需要世界各国共同来维护临近空间的安全与发展，从而造福全人类。

一、临近空间成为大国战略竞争的新制高点

目前，国际太空竞争不断加剧，美国等主要航天大国的太空对抗装备与技术发展进一步提速，太空作战理论和组织机构不断调整完善，太空作战演习高频次开展。美军积极推进太空态势感知能力和在轨操作能力发展，持续提升地球同步轨道目标和局域特定目标持续监视能力，特别是亚太地区的监视能力和战场态势感知能力。然而，尽

管美国一直非常重视太空力量建设，但随着太空对抗技术发展，美国逐渐意识到其不断加大投资的太空资产仍面临日益增加的风险，其太空安全港的时代一去不复返，尤其是伴随太空领域已从良性环境转变为作战域，其对太空的高依赖性与太空天然的高脆弱性并存。对此，美国提出必须在太空之外优先发展备份资产，以增强抗打击能力，削弱对手率先发动太空攻击的意愿。此时，临近空间进入美军视野。①

从高度上看，距地面 20～100 千米的临近空间，作为"陆、海、空、天"之外唯一自然地理空间，既不属于航空范畴，也不属于航天范畴，独立于航空、航天领域，且目前仍无国际法则约束，是又一新型安全领域。② 同时，由于独特的高度环境特征，临近空间在应用上是临近空间飞行器的飞行特区，功能上"上可制天、下可制空/制地/制海/制信息"，既可"强天拓空"，对倍增多域融合作战能力不可或缺，又可"断天隔空"，对多域力量联合运用一票否决。然而，事先便知能够互相摧毁的对抗，其极致就是缓和。未来太空作战的关键并不在于太空作战力量的体系化，而是太空作战力量体系能否延伸到大气层中，使大气层中存在可以随意延长的临近空间或空中作战系统。面对这样一种局势，临近空间这一战略制高点的价值特别是临近空间高超声速武器的价值自然而然地凸显出来。

古往今来，大国战略竞争都是以其军事实力为重要支撑，是否具有适应新型战争形态和制胜战争的能力即是决定性因素。而战争形态都是以主战兵器技术属性为主要标志的战争历史阶段性的表现形式和状态，科学技术创新是第一战斗力。人类战争发展整体上已经历了冷兵器战争、热兵器战争、机械化战争三个基本战争形态。美国马汉的"海权论"、意大利杜黑的"制空权论"、美国肯尼迪的"谁能控制太空，谁就能控制地球"、美国里根的"高边疆战略论"以及英国富勒的"机械化战争论"等战略思想的出现，都是科学技术进步和军舰、飞机、卫星、坦克等武器装备发展的产物，都给世人留下深刻印象。

① 汉默顿·斯蒂文. 临近空间.《空军杂志》88，第 7 期，2005 年 7 月，http：//www. afa. org/magazine/July2005/0705near. asp.

② 张军祥. 加快开展临近空间法律研究. 解放军报，2015 年 3 月 7 日，第 007 版.

实际上，在"制空权"与"制天权"之间，20 世纪五六十年代起，美国、俄罗斯等不断上扩领空界限，低速/高速、有人/无人等多型飞行器纷纷进入临近空间，"制临近空间权"的概念已经出现。但由于认识和技术上的限制，各国并未对临近空间进行战略性的系统设计、开发和利用。进入新世纪尤其是近十多年来，新一轮科技革命和产业革命孕育兴起，世界新军事革命进入加快发展阶段，战争形态加快向以远程精确打击为主要作战方式的信息化战争转变，时间和空间将不再是战争的重要制约因素，临近空间以其在远程精确打击和信息化战争中的巨大价值正在引起世界各国高度关注。

由于对临近空间在区域高分辨率实时监视、预警和导弹防御、反恐、通信、大气环境监测、防灾减灾特别是远程快速精确打击以及全球战略威慑与制衡等方面潜在的巨大政治、军事和商业利益有了更为深刻透彻的认识，加之军事需求的不断牵引和技术进步的日益推动，临近空间在新军事革命中的战略价值日渐受到美国、俄罗斯、欧洲、日本等国家和地区的高度重视，逐渐成为各国竞相投巨资研究和开发的新型战略领域。近年来，以美国、俄罗斯为首的世界军事强国将临近空间飞行器作为谋求空天新优势、抢占国际博弈战略制高点的重要举措，积极调整更新其相关战略和政策，不断加强顶层设计，以谋求利用"临近空间"打破战略平衡，夺取战略竞争的主动权。临近空间不但已成为攸关国家利益的新领域、国家安全的高边疆，更是随着各国临近空间战略拓展步伐的加快和投入力度的加大，逐渐成为国际战略竞争的新制高点。目前，美国已在临近空间技术、武器装备研制、联合应用、国际合作等方面领先，"新三位一体战略"① 以及"第三

---

① 美国国防部提出的"新三位一体"战略的三个组成部分是"由核力量和常规力量构成的进攻性打击系统"、"主动和被动的防御系统"以及"能够迅速应对多种威胁的后备反应基础设施"，三者由先进的指挥、控制、情报和规划系统密切结合在一起。

次抵消战略"① 等，也对美国临近空间战略拓展进程不断加速产生推动作用。俄罗斯以对对手形成新的对抗与制衡手段为首要战略目标进军临近空间，计划数量虽不及美国，但总体实力雄厚，研发重点突出，攻防兼备，招招制敌。欧洲、日本、澳大利亚、印度等也从自身战略利益出发，通过国际竞争与合作等多种灵活方式，觊觎通过拓展临近空间实施战略突防。

二、临近空间制胜未来战争前景凸显

新技术创造新趋势，新趋势创造新理论，新理论创造新价值。理论创新既是世界新军事革命的重要内容，也是其深入发展的内在动力。在世界新军事革命大潮中，军事强国一方面根据高新技术发展、武器装备性能变化特别是战争实践，不断提出新的军事学说、作战理论、作战概念，另一方面又用创新的军事理论牵引武器装备发展和战争形态演变，推动作战理论不断推陈出新，创造出新的甚至是颠覆性的军事价值。战争形态加速演变和国际地区安全面临严峻挑战，要求善战者必须洞察和掌握战争之大势，以在国际博弈中掌握战略主动权。

近年来，第六代战争、网络中心战、混合战争、空海一体战、全球一体化作战以及云作战、多域战等以信息化为特征、以联合作战为核心的军事和作战新理论层出不穷。其中，2016 年 11 月 11 日，美国发布新版《陆军条令出版物3.0》正式将多域战列入其中，这标志着美军联合作战思想的重大转变。2017 年 2 月 24 日，美国陆军和海军陆战队联合发布《多域战：21 世纪的合成兵种》白皮书，阐释了发展多域战的背景、必要性及具体落实方案。随着美军各军兵种的强势

---

① 为夺取新一轮大国军事竞争的绝对优势地位，2014 年美国推出以"创新驱动"为核心，以发展"改变未来战局"的颠覆性技术为重点的"第三次抵消战略"。"第三次抵消战略"的目的是全面运用各种能力，以部署全球反导系统、完善太空武器系统、发展网络作战样式、研发新概念武器、强化力量投送等，建立新的不对称战略优势，重塑针对大国的常规威慑，力争消除先发制人或发动侵略的诱因，迫使竞争对手改变其战略，并减少因误判导致的大国冲突可能性。

介入与热心参与，这种汇聚了陆、海、空、天、网、电等作战域的战场数据快速分析和诸军兵种协同的多域作战理论，正成为美军谋划联合作战的新特点或新模式，代表着美军乃至全世界联合作战的未来。多域战将会成为联合体系作战理论发展的高级阶段。其中，值得关注的是，空天一体化体系与体系之间的对抗，既是多域战的重要特点和样式，又是多域战的重要支撑。

空天一体，即国家空天力量结构与活动实行航空与航天一体、防空与防天一体。空天一体化，实际是在太空部署能力，以获得更大的太空活动自由和更有效保障国家领土、领海、领空等领域安全的能力。自海湾战争开始，传统的线性与平面作战方式即开始被空天力量所突破。新军事变革已促进空天技术深度融合，空天技术的深度融合必将促进战场和力量的融合，必然推动空天一体化的真正实现。在航天技术领域，空间或太空通常是指地球表面100~120千米以上直至遥远宇宙的区域。人类目前的技术水平主要涉及大气层和整个地球包围的地球宇宙空间，还无法到达更加遥远的宇宙空间。因此，人类关注的空天安全主要是在太阳系以内的地球宇宙空间，空天力量既依托于浩瀚的空间领域，又与传统的陆、海、空领域相互作用，呈现出"空天一体"的基本特征。

空天一体化作战概念是伴随着太空作战概念的发展而发展的。总体上看，太空作战从萌芽逐渐发展成为一种新的作战样式，大致经历了三个阶段：20世纪50年代至80年代的萌芽时期，80年代末至90年代中后期的形成时期，90年代末期以来的发展时期。萌芽时期，正处美、苏对抗的冷战时期，此时的太空力量主要运用于战略层次，服务于大国核威慑战略，但在一定程度上满足了常规战争对战场信息的需求，增强了参战部队的作战效能。形成时期，太空力量在种类、规模上得到了较大发展，在技术、战术性能上得到了较大提高，具备了较强的战场信息支援与保障能力，特别是太空攻击武器得到了快速发展。在发展时期，世界各国为谋取新的战略优势，相继出台新的国家太空军事发展规划，局部战争呈现越来越明显的空天一体化趋势。当前，航空、航天力量的融合使空天一体作战迅速成为信息化战场上的主要作战样式，空天力量凭借灵活机动、远程投送、精确打击等特有优势将持续成为战场主角，职能使命将由"制空""制海"转向"制空天"甚至综合制权。①

临近空间作为未来战争多域融合尤其是空天一体的强劲纽带，深刻影响未来战争制胜机理。临近空间技术应用于军事，不但具有创新性而且具有颠覆性，将使军事装备、军事技术和作战概念发生根本变化，从而将促成新军事革命深入发展。早在2001年，美国空军就提出了多传感器指挥控制星座网的概念，即由分布于太空、临近空间、天空和地（海）面广阔立体空间的各种传感器，构成一个完整的分布式情报、侦察和监视系统。2003年起，美军开始大张旗鼓地发展临近空间概念模型。2005年，美军"施里弗－3"太空战演习凸显了临近空间巨大的军事价值，也掀起了世界临近空间研究热潮。经过5年左右的临近空间军事化应用探索与实践，2010年，美军"施里弗－6"演习强调太空的替代概念、能力和力量态势，特别提出在临近空间部署无人机等飞行器，以便完成间谍卫星等在被摧毁或受到干扰时无法完成的任务。同时，美国空军公布的《技术地平线》愿景报告预测，到2030年美国空军将是一支规模更小但能力更强的空中力量，将会采用很多只有从现在的科幻小说中才能看到的技术，如控制高超声速飞行器和定向能武器，或操纵电磁频谱，在闪电速度环境下作战。②至此，临近空间低速、高速两类飞行器在制胜未来战争中的重大军事价值一目了然。

为了抓住临近空间竞争优势，在未来战争中占据主动，美军已通过《联合作战空间概念》③《美国空军2035年的核心使命》④以及

---

① 柴蕾，王俊喆，王震宇. 太空作战发展趋势研究. 长缨，2017（8）.

② 徐康德. 美国空军2030年技术愿景展望. 中国航空报，2011年2月19日.

③ 2004年，美国空军提出"联合作战空间"（JWS）的概念，指出临近空间是陆、海、空、天之外又一新的军事应用空域，它将成为联合作战空间的重要组成部分.

④ 2015年9月，美国空军正式发布《空军未来作战概念》文件重点提出，美国空军在2035年的核心使命包括"多域指挥与控制、自适应作战域控制、全球一体化情报监视与侦察、快速全球机动、全球精确打击"五个方面。不得不说，这五个方面核心使命的实现，与临近空间低速和高速平台紧密相关.

2017 年 7 月发布的《美国空军规划实战高超声速武器发展路线》、成立联合高超声速转化办公室等，持续加强对临近空间的军事应用牵引，不但提出"未来的空间联合作战将是空间和临近空间武器装备的联合"①，更提出"未来 30～50 年甚至更长一段时间，战争的主要区域将是在临近空间"。② 此外，在组织层面，美军从早期探索将临近空间军事应用任务赋予空军航天司令部，到现在正在筹建的联合跨机构联盟太空作战中心③，也是为了将包括临近空间在内的不同作战领域与太空军事行动进行密切整合无缝集成，以大幅提高联合作战的能力。如美军认为，临近空间高超声速武器可提供"打击/持久作战能力、空中优势/防御能力、快速进入太空能力"三项作战能力，这种武器一旦投入使用，很有可能会"清零"既有的防空体系，形成新的战略威慑。同样，类似高超声速武器，SR - 72 战略隐身高超声速临近空间多用途飞机也将成为影响美军未来 20～30 年作战的军事装备之一。④

美军临近空间飞行器的发展，使俄罗斯领导人认识到，俄罗斯上空 2/3 的领空，信息收集能力存在巨大盲区，根本无法进行防空、防天对抗。对此，必须加强空天领域安全！正是为了应对太空军事化和诸如上述美国发展临近空间等新型武器带来的重大威胁，尤其是为应对美军隐身和高超声速技术发展对其空天防御体系带来的极大挑战，俄罗斯正加快形成临近空间高超声速武器以及空天跨域攻防对抗作战体系能力，以积极抢占空天领域主导权、增强制胜未来战争筹码，从而确保未来 30～40 年的全球军事战略平衡。其 2015 年 8 月组建的空天军，集航空航天、防空防天于一体，也将具备"空、天、临"跨域

---

① 聂万胜，罗世彬，丰松江，庄逢辰．近空间飞行器关键技术及其发展趋势分析．国防科技大学学报，2012：34（2）．

② 中国航天科工飞航技术研究院编印．北京：临近空间创新发展与开发应用高峰论坛论文集，2017 年，第 29 页．

③ 联合跨机构联盟太空作战中心（JICSpOC）已更名为国家太空防御中心（NSDC）。

④ 作战 2040：美军未来军事技术．https：//m.sohu.com/a/216318927_819742/？pvid = 000115_3W_a.

作战的能力。①②

纵观国际临近空间发展尤其是军事化应用的趋势特点，美军及世界主要国家一致认为，开发并充分利用临近空间已成为一体化联合体系作战中新的军事能力增长点，临近空间武器装备将成为制胜未来空天战场、大国战略博弈与制衡的新王牌，甚至肩负着国家利益不断向海洋、太空和电磁网络空间拓展延伸的历史使命。甚至可以清晰预测的是，临近空间作为连接近地大气层和外太空的必经之路，或将比太空更早成为某种真正意义上的战场！

三、临近空间战略前沿技术特别是
高超声速技术实战化加快

战略前沿技术催生新军事变革新一轮浪潮。当前，具有前瞻性、先导性和探索性的战略前沿技术持续酝酿重大突破。③ 其中，对国际政治经济形势和国家安全领域起到突变性、革命性影响的战略前沿技术，也被称为颠覆性技术。颠覆性技术集聚推动发展以及有效威慑和实战制胜多重优点，其发展将强制性地改变人们的生产、生活、工作方式，引发社会形态全面改变；应用于国防和军事领域，可产生颠覆性创新效应，从根本上快速改变军事力量平衡，形成非常规或非对称作战优势。颠覆性技术既可能是全新的技术，也可能是新方法和新应用。谁遵循世界军事变革规律掌握了颠覆性技术，谁就能抢占引领先机赢得战略主动。其中，新一代信息技术、军事航天技术、网络空间安全技术、临近空间技术、无人化装备技术、新材料技术、生物交叉技术等国防战略前沿技术，④ 彰显国家安全战略和军事战略意图，对国家经济社会发展、国防和军队建设影响重大，主要国家都在加快发展以谋取先机。

---

① 丰松江. 美俄反高超声速武器竞争趋紧. 解放军报，2018 年 12 月 27 日.
② 丰松江. 俄美高超声速武器较量升级. 中国国防报，2019 年 4 月 1 日.
③ 安士东. 加快实现强军目标，建设世界一流军队的时代主题. 战略前沿技术，2017 年 8 月 15 日.
④ 刘书雷. 世界国防战略前沿技术发展动向与影响. 国防工业出版社，2014：5.

20 世纪七八十年代以来，美国是世界上最先启动和展开颠覆性技术研判与开发应用的国家。进入 21 世纪，美国更是加快推进以技术优势谋求全球持久霸权的战略，当前实施的"第三次抵消战略"正是追求技术优势的集中反映。① "第三次抵消战略"下重塑常规威慑的重要举措，即包括技术和装备发展创新、作战概念创新、管理和采办机制创新三个重要方面。2011 年，美国净评估办公室给国防部提交的一份重要研究报告《日益成熟的新军事变革》，认为过去近 20 年的主要变革成果"信息技术主导下的精确战能力"已扩散到其他国家，成了所有军事大国共用的作战思想和作战方式，也成为"区域拒止/反介入作战（A2/AD）"的手段。先进技术的扩散，使美军在海底、电磁频谱、太空、网络空间等尚能随心所欲的领域，面临的竞争却日益激烈，因此需要采取新的应对措施。② 美军"成熟的军事变革"，即是要颠覆"信息技术主导下的精确战能力"，改变"非接触精确战"的"游戏规则"，对寻求可改变"游戏规则"的"颠覆性技术"寄予厚望。

在临近空间制胜未来战争前景凸显的大背景大趋势下，临近空间技术作为当今世界战略前沿技术的一个重要方面③，集中体现了前瞻性、探索性、颠覆性、带动性等特征，已成为进军与经营临近空间、抢占临近空间新制高点的基础，已成为衡量一个国家综合国力特别是科技创新与军事实力的重要标志。临近空间高超声速技术作为改变未来战争形态和游戏规则、促进空天一体化的一项颠覆性技术，更是成为大国投巨资竞相争占的重中之重。④⑤ 美国作为全球高端人才的聚集地，始终保持着科技领先的地位。在临近空间领域也不例外，美国

---

① 安士东．科技兴军，必须牢牢把握战略前沿技术的深刻影响．战略前沿技术，2017年4月2日．

② ［美］简森·埃利斯，保罗·思查瑞等著．邹辉译．20YY：New Concept Weapons and Future of Warfare．国防工业出版社，2016．

③ 刘书雷．世界国防战略前沿技术发展动向与影响．国防工业出版社，2014：5．

④ 2014 年美国空军发布的《美国空军：召唤未来》报告指出，无人系统、自主、高超声速、纳米和定向能等，是"改变游戏规则"的五大技术．

⑤ 黄志澄．中美俄高超声速武器大比武．空天大视野，2018 年 6 月．

临近空间技术发展凸显"超前性"或"领先性"与"实战性"并重的特点，整体领先优势明显。近年来，美国通过《2005～2030年无人机系统路线图》《2010～2030年高超声速计划发展路线图》《2017～2021财年美国空军高超声速试验能力提升计划》以及《2018财年国防预算法案》《2019财年国防授权法》立法草案等，不断加大对临近空间战略前沿技术的投入，实战化进程持续加快。

美国低速临近空间飞行器技术研发经历了"先高调后低调实用"的过程，其临近空间气球、飞艇、无人机技术均已在多个领域应用。2006年初，美国空军航天司令部携载泰雷兹PRC-148电台进行远程通信中继的"战斗天星"平流层气球系统，成功通过了联合远征部队试验检验。2016年，美国国家航空航天局（NASA）成功进行了飞行高度33.5千米的高空气球飞行试验，验证了携带1吨以上载荷飞行46天的目标。2018年9月，美国国防高级研究计划局（DARPA）首次对外公开多年前即已启动的"可适应性比空气更轻"（ALTA）气球项目。ALTA的飞行高度高于22.9～27.4千米，对于最大升限约19.8千米的军用飞机而言难以拦截，且可用于保密通信中继节点或无人机蜂群母舰。在临近空间飞艇技术方面，2003年，美国空军空间战实验室"攀登者"飞艇30千米高空试验成功表明，其传感器灵敏度是卫星的50倍，成本仅为"全球鹰"无人机的40%。2013年，美国陆军和空军首次使用平流层飞艇引导拦截反舰巡航导弹试验取得成功。在临近空间高高空长航时无人机技术方面，美国近年来研制装备了多型临近空间无人机，如分别执行战术和战略任务的"捕食者""全球鹰""探路者""太阳神"无人机等。

2018年8月，美国空军发布下一代情报、监视与侦察（ISR）优势飞行计划，寻求维持并增强空军在数字时代的决策优势，以更好地应对大国竞争和快速技术变革。该计划提出，美国空军将通过三条途径来推动下一代ISR优势飞行计划，包括：寻求颠覆性技术和机遇；使用多任务、跨领域ISR收集能力来增强战备和杀伤力；加强基础能力和人才建设，发展伙伴关系。其中，临近空间高空侦察平台即为支撑下一代ISR优势飞行计划的十个关键技术领域之一。此外，美国一些公司也开展了临近空间浮空气球应用方面的新概念探索和初步试验。如 Google 公司放飞了数百个"南瓜"球形临近空间气球,已形成 100 天以上临近空间飘飞的能力,并在秘鲁上空利用风速风向测试了飞行路径被动控制技术。

在高速临近空间飞行器技术研发方面,美国从 20 世纪五六十年代开始就有高速临近空间飞行器面世。U-2、SR-71、D-21、"曙光女神"等均是当时也是迄今为止世界上投入使用的高速临近空间飞行器的典型代表。进入新世纪后,美国不断加大对高速临近空间飞行器前沿技术——高超声速飞行技术的投入。虽然 2015 年之前 X-43A、X-51A、HTV-2、AHW 等飞行试验成败基本对半,然而伴随着美国所谓的战略竞争对手在经费和人力方面的持续大力投入,美国意识到其在临近空间高超声速技术方面的竞争优势不断缩小。尤其是面对战略竞争对手高超声速技术进步带来的巨大压力和面临被赶超的紧迫感,美国"似乎"格外忧虑,已组建"国家队",基于长期的技术积累,在继续深耕基础的同时,加快高超声速技术研发,加快高超声速武器采办进程,加快高超声速技术实战化应用转化。

特朗普政府已明确"将寻求在临近空间高超声速技术领域保持世界领先地位"。美国已将高超声速作为其军事技术发展的第一重点,并已在技术实战化方面取得多项新的突破,即将跨过由技术验证转入型号研制的临界点。2017 年 4 月,美国著名智库——美国企业研究所发布的《高超声速武器:评估"第三次抵消战略"》专题研究报告,认为高超声速技术能够对"第三次抵消战略"形成有力支撑,建议决策者扭转预算削减或受限的局面,加大加快高超声速技术研发和应用转化。2017 财年美国国防部已将高超声速技术列为美军武器转化投资七大重点领域之一。2017 年 10 月 26 日,特朗普太空政策顾问罗伯特·沃克尔在商业太空运输咨询委员会会议上表示,寻求在高超声速技术领域保持世界领先地位,包括为军事应用发展高超声速技术,是美国太空政策架构中 9 个关键方面之一。2017 年 10 月 30 日美国即成功试射海基 AHW 高超声速助推-滑翔导弹,该导弹技术成熟度高且发射方式灵活,有望短期内实现武器化。

进入 2018 年，在各军种的深度参与下，美国更是加快高超声速技术研发与实战化进度。目前，美国空军、海军等均获得多份高超声速武器研制合同。2018 年 4 月 12 日，美国时任国防部长马蒂斯向众议院武装力量委员会表示，为扩大对尖端技术的投资，正计划在高超声速导弹和人工智能方面成立新的联合项目办公室。据 2018 年 10 月 11 日美国《航空周刊》报道，美国将基于桑迪亚国家实验室 40 年前的实验性机动再入飞行器概念方案①发展第一代三军通用型高超声速助推滑翔武器，以实现在 2021 年部署马赫数 6 的高超声速导弹。这其中也体现了其正基于现有技术以最快途径实现目标的思路，如陆军先进高超声速武器（AHW）、海军常规快速打击武器（CPS，即海基 AHW）和空军空射型高超声速常规打击武器（HC-SW），将在"桑迪亚有翼能量再入飞行器试验"项目的基础上搭配不同类型的助推器，可被认为是美军高超声速武器发展的重要一步。此外，以战术助推滑翔 TBG 为代表的楔形高超声速助推滑翔武器②、以高超声速吸气式武器方案 HAWC 为代表的高超声速巡航导弹③，可以认为是美军发展高超声速武器的第二步、第三步。只不过这三步之间是并行开展的，且都在加快实现列装步伐。据 2018 年 10 月 21 日《科技日报》报道，美国陆、海、空三军正合力研制先进高超声速武器，以遏制潜在战略竞争对手在该领域取得的显著成果。这也是美国高超声速武器发展的重要特点，即从一开始各军种都有明确的需求并深度参与其中。

高超声速技术发展需要强大的财政支持。2018 年 5 月 7 日，美国《防务内情》网站报道称，美国国会众议院武装部队委员会在 5

---

① "桑迪亚有翼能量再入飞行器试验"项目，使用双椎体助推－滑翔技术。将采用双锥回旋体外形设计，沿弹道轨迹发射，再入大气层并执行高速拉起机动，然后在大气层内以高超声速滑翔至打击目标。

② TBG 项目由美国 DARPA 和空军联合启动，当前处于第二阶段，在 2018 年初通过关键设计评审。洛克希德·马丁公司预计在 2018 年 12 月开始研制第一架 TBG 演示验证飞行器。

③ HAWC 计划由美国 DARPA 和空军联合启动。DARPA 在 2016 年分别授予洛克希德·马丁公司臭鼬工厂和雷神公司 HAWC 第二阶段合同，形成两家竞争局面。根据美国 2019 财年国防预算文件，HAWC 计划在 2019 年开始首次飞行试验。

月7日公布的《2019 财年国防授权法》立法草案中，要求美国国防部划拨资金，用于证明陆海空三位一体常规高超声速打击能力（即陆、海、空基高超声速助推滑翔武器）的潜在需求，并同步评估每型武器加速形成初始作战能力所需的费用。《2019 财年国防授权法》草案也授权美国国防部在 2019 财年启动"作战火力（Op-Fires）"项目。本项目中，美国国防部希望陆军地面部队配备战术性的高超声速助推滑翔飞行器，用以突破敌防空系统并摧毁时敏目标。DARPA OpFires 项目经理安伯·沃克表示，OpFires 项目是美国陆军在远程精确火力建设上的一个关键项目。① 不过，据有关消息显示，美国国防部正在开发陆、海、空通用型高超声速滑翔体，为新型三位一体常规高超声速打击武器的开发奠定基础。② 该通用型高超声速滑翔体由火箭搭载，可从各军种平台发射，这是美国军方装备超快机动武器的重要一步。

其实，美国《2018 财年国防预算法案》已要求美国国防部在2022 财年前具备高超声速打击的早期作战能力，以及美国 2019 财年高超声速科研经费预算暴涨 63% 总额超过 10 亿美元，DARPA 在 2019财年预算中申请的高超声速科研经费同比增长 136%，并正在推动"国家高超声速倡议"的开展，特朗普政府 2019 年 1 月发布的《导弹防御评估报告》，美国防部 3 月公布的《武器系统项目采办成本》报告等，均表明美国正尽全力扩大高超声速技术领域竞争优势，即将迎来高超声速武器的"井喷式"发展。其中，DARPA 作为美国高超声速武器研发的主要推动者，一直是以"保持美国的技术领先地位，防止潜在对手技术突袭超越"为宗旨。如美国"弧光"、X－37B、X－51A、AHW 等高超声速飞行器研制计划，几乎囊括了目前所有的高超声速飞行器原理和技术。需要关注的是，美国陆、海、空三军合力研制先进高超声速武器，包括陆基、海基、潜射、空基等先进武器，其

---

① 廖孟豪. 高超攻防 5：DARPA 在高超声速攻防两端同时发力，"作战火力"项目和"滑翔破坏者"项目取得新进展. 空天防务观察，2018 年 11 月 20 日.

② 佘晓琼. 美国国防部拟开发陆海空通用型高超声速滑翔体. 国防科技要闻，2018 年9 月 20 日.

目的是统一高超声速运行机理、基本平台和装备，甚至生产通用型装备，以形成多用途、多平台发射的高超声速武器。美国军方远程高精武器研制小组组长拉弗蒂曾表示，通过三军合作研制高超声速滑翔体，几个月内就将取得进展。

总之，美国高超声速武器的发展势头在未来几年或许会很猛，值得高度警惕。2019 年 3 月，美国国防部表示，未来 5 年（2020 ~ 2024 财年）将在高超声速领域投入 105 亿美元，希望能在未来十年实现部署空/海/陆基高超声速导弹武器，确立在高超声速领域的主导地位。

为打破美军导弹防御系统对其形成的优势，俄罗斯高度重视临近空间高超声速技术发展。但与美国主要着眼于满足其快速常规打击能力需求相比，俄罗斯高超声速技术的发展凸显"实战性"的特点，主要着眼于对美国日益完善的防空反导系统形成有效的突防能力，保持其战略威慑能力的有效性。为应对美国"国家导弹防御系统"，俄罗斯较早启动了临近空间高超声速武器系统的研制。其战术导弹武器集团公司总经理鲍里斯·奥布诺索夫曾直白露骨地表示："谁第一个掌握临近空间高超声速技术，谁实际上就能控制世界。"[①] 俄罗斯在《2018 ~ 2025 年国家武器装备计划》中将研制和部署高超声速武器列为重大优先事项之一，并计划在 2020 ~ 2022 年间装备空射型高超声速导弹，普京也明确要求俄罗斯海军在 2025 年后开始装备高超声速武器系统。2017 年 7 月 16 日，鲍里斯·奥布诺索夫又一次表示，俄罗斯可能在 2020 年前制造出首批空基型高超声速导弹，同时它们将在 2030 ~ 2040 年间开始大规模进入武装力量。[②] 这也表明高超声速技术研发的复杂性，对一个国家在材料、推进、控制等技术方面的要求极高。

目前，俄罗斯正在追求更快更早部署临近空间高速平台的征程中快速前进。俄罗斯 Yu – 71 高超声速助推 – 滑翔导弹、"锆石"高超

---

① 中美激烈比拼高超音速导弹，猛造控制世界武器. https：//m. xilu. com/v/1000150003571280. html，2014 – 12 – 12.

② 美国拉着澳大利亚刚刚又搞个大动静！专家却直言：已被中俄甩在身后. http：//m. sohu. com/a/157792791_ 414734，2017 – 07 – 17.

声速巡航导弹等正在紧锣密鼓地研制中，且已多次试验成功。2018 年 3 月普京在国情咨文中展示的一型飞行轨迹在几十千米高空、可绕过所有现代反导系统的新式超声速导弹，引起世界震惊。可以判断，这一导弹飞行区域正位于临近空间。这也进一步表明俄罗斯为追求"实战性"而灵活采取并行发展超声速与高超声速临近空间技术的务实性策略。2017 年 12 月俄罗斯"匕首"空射高超声速导弹已服役并投入战斗值班；2018 年 12 月，俄再次成功试射"锆石"高超声速巡航导弹；"先锋"高超声速助推滑翔弹完成人役前最后一次测试，拟于 2019 年前服役，已投入批量生产。① 这表明，俄罗斯已成为首个且唯一将高超声速武器批量列装的国家，无疑在高超声速武器竞赛中占得了先机，开始展露其"非对称"作战实力的锋芒。此外，据俄罗斯塔斯社援引联合飞机公司军用飞机项目部门领导米哈伊洛夫消息的报道，俄罗斯第六代战斗机将是高超声速飞机，将于 2025 年实现首飞，目前正在进行包括工程设计在内的研究和开发。②

除美国、俄罗斯外，欧洲、日本、澳大利亚、印度等也在加快发展临近空间技术。欧洲低速临近空间飞行器技术发展以及多项高超声速空天飞行器研制和技术验证计划正在稳步推进，如"高超声速飞行试验"（Hexafly）项目、"高超声速飞行试验 – 国际合作"（Hexafly – Int）项目等。日本临近空间技术研发寓军于民、以民掩军，整体水平与欧洲相当。日本"2018 ~ 2024 年高速助推 – 滑翔导弹关键技术研究"项目表明，日本高超声速技术研发也已进入一个统一规划、全面发展甚至技术转化的时期。日本防卫省 2019 财年防务预算文件表明，

① 俄联邦总统普京国情咨文中称，"匕首"高超声速航空导弹系统最大飞行速度达 10 马赫，飞行距离超过 2000 千米，能够在任何飞行轨迹段进行机动，可配备核装药或者常规装药。从 2017 年 12 月 1 日起，导弹开始在南部军区机场投入试验战斗值班。"先锋"可能是俄罗斯"4202 工程"或"Yu – 71"高超声速滑翔飞行器项目的新名称。普京声称，该飞行器在巡航或滑翔阶段的速度可以达到马赫数 20，并能横向或纵向机动，横向机动距离达几千千米。"先锋"系统很可能由"萨尔玛特"重型洲际弹道导弹发射。"萨尔玛特"导弹的射程据估计为 11000 千米，加上"Yu – 71"据估计 9900 千米的射程，可以使"先锋"系统的打击距离超过 20000 千米。

② 黄涛. 俄媒"意外"披露秘密的高超声速第六代战斗机模型. 翔智科技信息，2018 年 11 月 26 日.

其将通过不同项目并行发展高速助推滑翔导弹与高超声速巡航导弹技术。如为加强对离岛的防卫，日本正在研制"离岛防卫用超声速滑翔炸弹"，其装备型和改进型将在 2025 年度完成试验。① 2018 年 1 月，日本软银公司宣布与美国 AeroVironment 合作进军临近空间高空太阳能无人机领域。澳大利亚低成本发展高超声速技术之优势，吸引美国、欧洲、日本等积极与其合作，已形成联盟，如正在开展的高超声速国际飞行研究试验计划（HIFiRE）。印度与俄罗斯联合已突破"布拉莫斯－2"高超声速巡航导弹技术，以及正在同步自主开展以战术级高超声速巡航导弹为目标、以超燃冲压发动机为核心的高超声速技术研发工作，不可小觑。但有专家指出，估计在 2020 年前后，虽然飞行马赫数稍大于 5 的碳氢燃料冲压发动机技术基本成熟，但这种发动机在用于导弹武器系统时，还要和其他的低速发动机组合使用，加上它对攻角和侧滑角的变化都很敏感。因此，它能否用于实战，仍存在较大不确定性。②

四、反临近空间能力体系建设倍受高度重视

一个事物在产生与发展的过程中，总是同时在生成它的对立面。防御能力与进攻能力总是相辅相成的。临近空间飞行器特别是临近空间高超声速打击武器在对未来战争产生颠覆性影响的同时，必将引发临近空间安全防御问题，必将催生反临近空间技术以及新一代空天防御体系的快速发展。美国、俄罗斯等着眼临近空间以及空天攻防对抗，正大力发展反制临近空间目标尤其是高超声速目标的新技术。③

美国在其国内智库、军方、政府以及工业界等多方关于加快发展临近空间防御技术的强烈呼吁和"警告"下，正通过"新老结合"全力发展反临近空间技术。美国《2017 年度国防授权法》明确要求

① 加强"离岛防卫"：日本研制超声速滑翔弹防中国. 环球网，2018 年 9 月 26 日.

② 黄志澄. 高超声速武器对未来战争的影响. 北京：世界先进导弹武器装备发展与未来战争形态研讨会，2018 年 1 月 26 日.

③ 丰松江. 美俄反高超声速武器竞争趋紧. 解放军报，2018 年 12 月 27 日.

导弹防御局（MDA）制定专门应对高超声速导弹威胁的相关军事计划。美国提出了改进现有反导武器系统与发展全新武器系统两条技术途径，在启动"远程高超声速拦截导弹"项目的同时，全新发展用于拦截滑翔弹头等目标的地空导弹武器系统。其全球一体化多层导弹防御系统，也提出了反制高超声速武器的初步方案。近期，作为应对高超声速武器威胁的过渡方案，除正在研制增程型 THAAD – ER 拦截弹外，还提出"标准 – 6"拦截弹同样具备反高超声速武器的潜力。远期，希望采用激光武器、轨道炮甚至天基卫星反导系统等，实现高超声速武器拦截能力。与此同时，美国认为需要发展持续监视并覆盖全球的高超声速武器探测系统，用于准确和有效的跟踪目标。美国正在积极开展一系列传感器及武器技术演示验证，包括从地基雷达、高空无人机到天基卫星平台、小卫星星座，以发展跟踪高超声速威胁目标的技术。MDA 还计划使用现有的传感器和地面设施/指挥控制系统、部署应急能力，在 2019 年前实现对大部分高超声速威胁的实时预警。①

MDA 局长塞缪尔·格里夫斯 2018 年 5 月在参议院武装力量委员会战略力量小组委员会上发表证词表示，MDA 在 2019 财年预算中申请 99 亿美元，用于继续研发、试验和部署日益增强的先进防御能力，使美国及其盟国、合作伙伴能够对抗当前和未来的新型导弹威胁。为支持国防部的战略以及指导导弹防御项目各项活动的开展，格里夫斯提出 MDA 三大优先事项。其中，在"对抗先进威胁"部分提出，预算申请资金将继续用于可集成至导弹防御系统的突破性技术，包括识别能力的改进、"多目标杀伤器"技术、高超声速防御技术以及可能用于对抗飞行助推段导弹威胁的高功率激光器等。为此，MDA 在 2019 财年为"高超声速防御"申请 1.204 亿美元，用于开展系统工程，甄别和完善反高超声速武器全杀伤链技术，进行突发事件目标分析和评估，以及开展太空传感器技术和多域指挥控制能力升级，以对抗高超声速武器的威胁。

---

① 熊瑛. 美国全球一体化反导系统发展分析. 北京：世界先进导弹武器装备发展与未来战争形态研讨会，2018 年 1 月 26 日.

因为地面雷达受到地球曲率的限制，美国空军正在寻求有关太空活动的新情报来源，实现从太空智能感知与识别高超声速目标，这或许将成为探测高超声速目标的一种有效途径。据美国《防务新闻》网站 2018 年 9 月 15 日报道，继获得美国空军的高超声速武器研制项目之后，洛克希德·马丁公司一周内再获美国空军大单。美国空军与该公司就"下一代过顶持续红外"计划中的前 3 颗卫星签署合同，以加速更新美军下一代导弹预警卫星。如果上一个项目是致力于高超声速武器研制的话，新的项目则可用于探测别国的高超声速武器。①

此外，2018 年 9 月 6 日，美国 DARPA 正式公布了一款拦截高超声速武器的概念。这意味着，在多年以来感受到高超声速飞行器带来的致命挑战之后，以 DARPA 为代表的美国科研机构也正式立项，开始寻找有效的反制手段。除 DARPA 外，美国智库也在为美国防御高超声速弹道武器出谋划策。2018 年 10 月 3 日，美国智库战略与预算评估中心发布《防空反导能力的关键抉择：美国海外基地防御新概念与新技术》报告，描述了当前美军海外基地防御面临的挑战，提出集成多种新型动能/非动能系统、由内外层防御体系结合组成的完整防御体系概念。其中，在内层齐射防御体系中，提出配备多级增程式拦截弹的无人机/战机，应对弹道导弹再入式飞行器、高超声速滑翔器、轰炸机等极具挑战性的威胁。

俄罗斯在其新一代空天防御系统发展规划中，也明确将拦截高超声速巡航导弹、助推 – 滑翔弹头等任务作为 2020 年前的发展重点。其正在完善的"防空反导一体化地空导弹武器系统"，将使军事对抗的战场高度提升并扩展到临近空间及太空领域。2017 年 5 月 24 日，俄罗斯国防部长绍伊古表示，S – 500 系统将于 2020 年装备部队，以有效遏制敌方的全球快速打击威胁，当然也包括应对高超声速目标的能力。② 俄罗斯"闪电"科学生产联合体专家也正在研发高超声速靶标导弹，它将用于开发可摧毁最先进飞行器的、大有前景的防空系

---

① 美研发新预警卫星 专家：对高超声速武器威胁大. 环球时报，2018 年 8 月 17 日.

② 苏醒的"普罗米修斯"——俄罗斯 S – 500 防空导弹系统发展分析. http://mb. yidianzixun. com/article/0H26UCXc，2017 – 08 – 10.

统，也将用于考验 S－500 的性能。① 2018 年上半年，俄罗斯秘密进行了最新一代的 S－500 防空系统试验，此次测试中，S－500 命中了约 480 千米外的目标。俄罗斯军方推测，S－500 系统能够对高空和临近空间高超声速目标进行攻击。② 这也说明，俄罗斯 40N6 新型远程地空导弹③具备打击高超声速巡航导弹的能力。此外，俄罗斯的 R－33 高超声速拦截弹，专门配装临近空间高速截击机，相比传统的空空拦截弹，具有超大的翼面，在临近空间仍然能提供足够的机动能力，其最大速度达马赫数 7 以上，平均速度大于马赫数 3.5，具备拦截临近空间高速飞行器的能力，上述俄罗斯拦截高超声速武器的能力与其首座最新型"集装箱"超视距侦察和导弹预警雷达等，正构成对抗高超声速武器的"盾牌"。④

不过，尽管据俄罗斯卫星网 2018 年 9 月 18 日称，英国核技术领域专家詹姆斯·阿克顿接受媒体采访时表示，华盛顿承认其现代拦截装置尚无力对抗俄罗斯高超声速武器。⑤ 2019 年 3 月 20 日，美国防部负责研究和工程的副部长迈克尔·格里芬也表示，如果明天爆发战争，美国可能无法摧毁高超声速助推滑翔导弹。然而，据俄罗斯媒体报道称，美国 DARPA 近日公布了针对俄罗斯高超声速武器的"滑翔破坏者"拦截器概念图。DARPA 认定，"滑翔破坏者"将提高美国防范所有级别高超声速武器威胁的能力。⑥ 可见，面对高超声速导弹威胁，相关国家均是竭尽全力地发展应对之策，甚至不惜再次抛出核威慑！如据英国《泰晤士报》网站 2018 年 11 月 23 日报道，俄罗斯联邦委员会参议员建议废除禁止首先使用大规模杀伤性武器的军事原则。俄罗斯联邦委员会建议，如果俄罗斯受到"高超声速和非核战略

---

① 俄研发高超音速靶弹：赶超敌对国家，将用于考验 S－500 性能. 参考消息，2018 年 11 月 16 日.

② 俄罗斯最近试射的 S－500 应该是 40N6 导弹. http：//lt.cjdby.net/thread－2479577－1－1.html，2018 年 6 月 1 日.

③ 40N6 新型远程地空导弹平均飞行速度 1190 米/秒，对于高度 10 米至 35 千米的弹道导弹目标打击距离可达 15 千米.

④ 李俊，范怡. 临近空间攻防对抗或将催生"能量中心战". 国际航空，2016.03.

⑤ 英核技术专家：美无力对抗俄高超声速武器. 环球网，2018 年 9 月 19 日.

⑥ 美公布针对俄高超声速武器的小型飞行拦截器概念图. 新华网，2018 年 9 月 19 日.

武器"的攻击，应允许俄罗斯使用核武器进行报复。①

此外，日本《朝日新闻》2017 年 12 月 17 日刊登的《日本针对中国强化防空网络》提出，中国反复试验速度达马赫数 5 以上被称作"高超声速滑翔导弹"的武器；这种高速飞行的导弹很有可能突破现有的日美导弹防御网；对此，当务之急是强化防空网、强化导弹防御系统。② 2018 年 10 月 17 日，日本成立以新任防卫大臣岩屋毅为主席的"未来防卫力量建设研究委员会"，旨在研究拟制对现行防卫战略进行颠覆式重构的《防卫计划大纲》，拟制所谓"全域联合作战构想"。③ 可见，除美国、俄罗斯外，日本也正在提高对高超声速滑翔导弹等新型武器的警惕，并会采取措施以增强防御高超声速滑翔导弹的能力。

五、临近空间国际规则制定主导权争夺趋紧

当前，上一轮全球化红利大体分配完毕，而新一轮全球化动力机制与制度框架尚未确立，在新型战略竞争领域围绕争夺定规立制主导权的或明或暗的角力与竞合正在发生，竞争方也越来越重视对相关规则的制定权和话语权的争夺。④ 如海湾战争后的美军之所以持续更新其新型作战能力，与其力图从冷战的胜利者变成全球秩序的构建者和主导者紧密相关。如前所述，目前，临近空间尚未被系统开发，其归属在国际法领域仍属空白，每一个国家都有自由进出的权利，所以也有学者认为临近空间应属于全球公域的一部分。"临近空间"作为一个技术或学术概念，现有国际公约和主权国家法律实践也无类似法律原则和规则，国际社会关于临近空间的法律规范滞后于临近空间技术发展与武器化的实践应用，如何依法规范临近空间的开发利用仍是各

---

① 英媒：俄将废除不首先使用核武原则. 参考消息网，2018 年 11 月 24 日.

② 日报报道日本针对中国强化导弹防御系统. http://www.mestin.ac/publish/document.do? baseName = kuaixun&docKey = kuaixun000000679964&hquery = &channelItemId = 1730，2017 - 12 - 17..

③ 邻邦扫描：日本新防相扩军备战盯防中国. 参考消息网，2018 年 11 月 28 日.

④ 财新传媒编辑部. 世界期待一个怎样的中国. 红旗出版社，2017：129.

国和有关国际组织必须解决的现实问题，科学确定临近空间法律地位是国际法学界的艰巨任务。①

美国、俄罗斯、欧洲、日本、印度、澳大利亚等在进军临近空间的过程中，鉴于临近空间发展的复杂性、长期性尤其是高投入、高风险等特点，且需要强大的空间科技基础作支撑，相互之间各取所需，竞争中合作，合作中竞争，在对本国临近空间技术发展起到积极推动作用的同时，也形成了单边或多边合作甚至联盟态势。然而，随着对临近空间的广泛开发以及相关飞行器逐渐进入应用试验阶段，主要航空航天强国依靠其技术优势、联盟优势以及规则优势，抢抓临近空间国际规则制定权和话语权，以提高临近空间活动进入门槛，限制其它国家临近空间活动，致使在临近空间这一新疆域的国际规则博弈已成现实并日益趋紧。

自古以来就是实力决定话语权，话语权影响发展空间。美国在大力发展临近空间攻防对抗"硬实力"技术和手段的同时，也在积极谋划通过发展筹组联盟、促进临近空间领域国际合作、牵引国际规则制定等"软实力"，来达到其维持和扩大临近空间竞争优势的战略目的。2017年9月27日，美国兰德公司发布的《高超声速导弹防扩散》报告，从单边政策和多边政策两个方面讨论提出了临近空间高超声速导弹及技术防扩散的措施建议。该报告是国际上针对临近空间武器防扩散方面的首次举动，反映了美国已开始率先着手在临近空间国际规则制定方面"牵头"布局，表明美国已将争夺规则制定主导权作为其扩大竞争优势的重要抓手。可预见，争夺临近空间的力量将是政治外交力量、经济开发力量和科技力量与军事力量相结合的综合力量。但由于临近空间潜在的巨大实用性及现实威胁，再加上临近空间技术突破的日新月异，国际上围绕临近空间大规模开发应用的军控谈判可能会较早来到，进程也可能更迅速。对此，须早作准备。人类也只有通过外交谈判，早日达成有关临近空间军备控制的协议，才能早日为世界临近空间的和平发展创造必要的良好环境。

---

① 赵秀敏，李荣阁．空天一体视野中的临近空间法律问题初探．空军军事学术，2015 (1)．

六、临近空间将成为全球治理的重要领域

历史表明，人类活动范围的每一次飞跃，在大大增强人类认识自然和利用自然的能力、促进生产力发展和社会进步的同时，也往往会带来全球治理问题，如上述的临近空间国际规则制定、军控等问题。未来 5～10 年，甚至更长一段时间，伴随航空航天技术的迅猛发展，具有独特高度优势的临近空间必将成为各军事强国的重要竞逐场，主要国家将更加重视顶层设计与战略规划，目标将更加聚焦，发展策略将更加灵活务实稳妥，均会通过投巨资"抢时间"，加快形成战略威慑与实战能力。这种情况下，主要大国间临近空间力量对比必然演进为一种战略上势均力敌、临近空间武器大量存在的状态，给全球安全治理带来严峻挑战。

虽然临近空间国际竞争中孕育着广阔的合作空间，但霸权主义、零和博弈思维仍存，预判不准、冒进跨越问题突出，国际法律规则研究滞后，一定程度上又增加了临近空间安全风险。虽然未来和平发展大势不可逆转，但世界面临的不稳定性不确定性突出，不排除有关国家围绕临近空间进入和控制爆发军备竞赛甚至局部冲突的可能。临近空间竞争既是大国间实力之争，又是国际规则制定权与国际秩序主导权之争，更将成为全球治理、维护世界和平与发展的一个重要领域。在临近空间领域，能否避免类似全球经济治理领域的"金德尔伯格陷阱"① 等，值得审慎思考与主动应对。

总之，包括临近空间在内的新型战略空间地位特殊，是人类赖以生存的共同新家园。面对围绕新型战略空间大国竞争博弈加剧之态势，国际社会不能"各扫门前雪"，应积极以人类命运共同体理念，引领新型战略空间的良性竞争与和平合作，有效解决新型战略空间面临的矛盾和问题，实现人类在新型战略空间的共有、共建和共治。② 2019 年 2 月 20 日，习近平在会见探月工程嫦娥四号任务参研参试人

---

① "金德尔伯格陷阱"，指全球的经济治理没有领导者所带来的危机。
② 丰松江．新型战略空间须共有共建共治．参考消息，2018 年 3 月 23 日．

员代表时强调，太空探索永无止境，探索浩瀚宇宙是全人类的共同梦想。我们愿同世界各国一道，坚持共商共建共享，推动人类科学事业发展，为人类和平利用太空，推动构建人类命运共同体贡献更多中国智慧、中国方案、中国力量。这也为推进临近空间国际治理提供了基本遵循。

第七章 经略临近空间面临机遇 但更充满挑战

综合国力是经略临近空间的一个基本要素。在从科技大国向科技强国迈进的重要跃升期，新一轮科技革命和产业革命加速发展，特别是综合国力持续提升以及临近空间后发优势，为经略临近空间提供了强劲动力。同时，临近空间国际规则尚属空白以及国际对临近空间全球治理的需求上升，也为经略临近空间、将临近空间塑造成一个长期可持续发展的安全环境提供了重要的历史性时间窗口。机遇总是与风险并存。经略临近空间是一个长期而艰巨的战略任务。善于发现新情况、解决新问题乃制胜之道。当前，经略临近空间仍面临着由大向强阶段难以回避的瓶颈和困难，面临的临近空间安全风险与挑战同步上升。总体看，机遇大于挑战，需要合时顺势，把握经略临近空间的特点和规律，大胆实践、有效应对。

一、世界新军事革命加速发展提供机遇

近年来，国际局势发生新的复杂深刻变化，国家安全和发展需求不断拓展。深远经略临近空间，持续提升临近空间力量建设与运用的质量和效益，是拓展战略纵深、经略新型安全领域的重要方面。

纵观历史，那些能够抓住历史机遇、在对人类发展有重大影响的新型领域率先实现跨越的国家，往往能够掌握巨大的战略优势。比如，我们国家在历史上曾经错失了工业革命、海洋时代等一些这样的历史机遇，结果同世界先进水平产生了时代差，国家实力整体落后。现在，人类社会正在向太空、网络等新型领域迈进，其发展成果将对各个国家、对整个世界产生重大影响，也为我们国家发挥后发优势创

造了机遇。

特别是发轫于 20 世纪 70 年代的世界新军事革命仍在加速推进，军事电子信息技术快速发展，太空和网络攻防技术成为军事竞争新的制高点，纳米技术、临近空间技术、高超声速技术不断取得突破，新概念武器向实战化方向发展，武器装备远程精确化、智能化、隐身化、无人化趋势更加明显，战场不断从传统空间向新型领域拓展，战争形态加速由机械化向信息化智能化演变，临近空间高超声速武器等也将从根本上改变传统的战争时空观念。这些军事技术和战争形态的革命性变化，在对国际政治军事格局产生重大影响的同时，也为经略临近空间这一国际战略竞争新的制高点提出了严峻的挑战和难得的历史机遇。比如，在陆、海、空、天、网、电等传统空间，美国已"经营多年"，已形成自己的"势力范围"，其他国家不易取得绝对的优势。而临近空间作为一新型竞争领域，可以实现"无人、更远、更高、更快"，为各国抢抓竞争新优势提供了新空间新机遇。对此，如果跟不上、差距再次被拉开很大，最后或还会落得"被动甚至挨打"的境地，对此，我们既要增强机遇意识，又要增强风险和危机意识。

二、临近空间后发优势提供强劲动力

经略临近空间，临近空间战略是根本，综合国力是基础和支撑。主要国家不断增强的综合国力为经略临近空间奠定了坚实基础、提供了有力支撑。比如，中国很早就对临近空间浮空气球技术及应用进行了研究，很早就认识到高超声速飞行器的重大意义，并开展了一系列探索性研究。美国空军"施里弗－3"太空战演习后，中国开始对临近空间高超声速技术、浮空器技术、高高空无人机技术等进行系统的研究。十多年来，中国对临近空间的认知和经略能力不断提升，实际存在逐步扩大，国际话语权基础明显增强。目前临近空间技术发展已进入后发赶超的"快车道"，正处于由"跟跑并跑"向"并跑领跑"换挡的关键期，即将进入装备体系构建与应用的新阶段。"旅行者号""圆梦号""彩虹－T4"、助推－滑翔飞行器、"凌云"临近空间高超声速通用试飞平台、超燃冲压发动机高超声速飞行器等技术研发进展顺利，临近空间技术正在成为维护国家利益的"利器"。特别是在若干技术领域已形成一定优势，具备了"领跑"世界的基本实力，已与美国、俄罗斯"并肩"为世界"第一梯队"。这些都为深远经略临近空间提供了支点、奠定了基础。

三、全球临近空间治理提出新需求

当前，世界历史进入和平与发展时代，和平、发展、合作、共赢成为时代主流，这为抢抓战略机遇期经略临近空间、建设空天强国提供了可能。特别是临近空间国际规则仍尚属空白、国际对大国参与临近空间全球治理的需求上升，这为深远经略临近空间提供了重要的历史性时间窗口。

目前，国际上明确太空不为任何国家所占有，供各国自由探索和使用；天空属于各国主权范围，国家对其行使完全的管辖和控制权。但作为二者之间的一个新的细分层次，临近空间的上下疆界如何划定、主权归属如何明确、开发利用如何规范等问题，并没有相应法律文件予以明确。① 对于临近空间这一国际规则尚属空白的战略竞争新赛场，若能在其建设之初就以开放姿态积极加入其中，甚至主导这一赛场的建设，则可为一个国家在临近空间成为新竞赛场地规则的重要制定者、新竞赛场地建设的重要主导者创造条件，从而利于为其塑造有利的战略竞争态势。

探索未知世界是人类共同的目标。然而，人类对临近空间的探索和利用不仅可造福于人类社会，一定还会促进临近空间军事化、武器化、竞争化，从而影响世界和平与稳定。共同维护世界和平与发展，既是时代的潮流，更是当今世界各国共同的愿望。各国有责任加大经略力度，共同维护临近空间安全发展与和平利用。这也为主要国家"更上一层"经略临近空间创造了条件。比如，近年来，随着中国综

① 陈聪. 临近空间的性质争议及法律定位. 学术交流，2015（4）.

合国力的快速提升和在航空航天领域的快速发展，特别是中国在临近空间技术领域的突飞猛进，世界寻求与中国合作以及对中国承担维护临近空间安全国际义务的需求上升，许多国家期盼中国在临近空间全球治理领域担起更多责任、提出中国方案、贡献中国智慧。

四、仍需警惕抵御重大风险

据《中国军事百科全书·军事战略》，战略风险，即战略实施过程中可能发生的危险。它可以使战略实施的实际结果偏离其预期目标，从而损害国家的安全与发展。偏离的程度越大，战略风险就越高，国家安全与发展可能遭受的灾难性损失就越大。产生战略风险的根本原因在于目标与能力之间的差距。一个国家如果确定了现有力量无法实现的目标，将会带来严重的战略风险。因为任何超越国家承受极限的行动，都可能对国家的生存与发展造成重大威胁。同时，一个国家如果放弃了力所能及的目标，就等于放弃了己方的战略利益，本身也是极大的风险。

保持清醒头脑，敏锐洞察存在的风险和问题，防患于未然，化解于无形，是一个国家由大向强发展过程中必须坚持的一条基本思路。十九大报告强调："坚持总体国家安全观。统筹发展和安全，增强忧患意识，做好居安思危，是我们治国理政的一个重大原则。"当前，世界态势的急剧变化，增大了世界安全形势的不稳定性和不确定性，维护国家安全和发展利益呈现出许多不同于以往的新特点、新情况、新问题。同样，在临近空间领域，既有高技术，更有高风险；既有大价值，更有大博弈。对此，须保持清醒认识，高度警惕有效防范这一新领域可能出现的风险。

（一）发展方向受战略诱骗造成战略资源极大消耗的风险

"兵以诈立"，战争的要害在于迷惑敌人。这虽是孙子的哲学，但对现代战争与大国竞争也尤为适用。欺骗和结盟即是人类战略的基本特征，甚至是至关重要的特征。① 同样，迷惑对方并引导对方在研制新武器时犯重大战略性错误，是美国战略竞争的一贯手法。② 20世纪80年代美军提出的"星球大战"计划，就是压垮苏联的最后一根稻草。随着临近空间技术的发展，"星球大战"计划中以高技术为基础、立足空间建立全球防御和打击网络的战略再次浮出水面。"国之利器，不可以示人。"临近空间技术尤其是高超声速技术的发展，本身就是探索性的战略前沿领域，投入大、风险高，不仅存在大国博弈、攻防博弈，更存在"迷惑阴谋""捧杀陷阱"等战略欺骗。比如，随着战略竞争全面升级，为抢占战略竞争的主动，美国正试图通过实施"第三次抵消战略"诱使对手与其进行全面军备竞赛，以此向对手施加竞争成本。美国正在推行的新"强加成本战略"③，兼具威慑、遏阻、消耗、诱导等多重动机，也可能影响和诱导对手国防投资和武器装备发展方向出现偏差。特别是在临近空间这一本身就充满大国博弈的探索性战略前沿领域，美国在发展过程中不断变道，在后面紧跟就会跟着走冤枉路。何况美国所谓的"领跑"者可能并非其真正的有实力者，它们领跑也许是为了掩护，或故意迷惑对方和消耗对方的资源。④因此，战略欺骗或已成为美军争夺制临近空间权的一种重要手法。

例如，根据战略需求和实际情况，美国不断对临近空间技术尤其是高超声速技术发展思路进行动态调整，对实用性强、成功率高的方案往往秘而不宣，而鼓吹一些特别先进的技术试图"心理威慑"甚至"迷惑忽悠"对手。HTV-2与AHW是否是美军摆的"迷魂阵"从而实现对潜在强敌的战略欺骗目标，在临近空间高超声速技术领域发表中俄"超越论"或"威胁论"从而实现麻痹对手的目标，目前都尚

---

① ［英］劳伦斯·弗里德曼著. 王坚，马娟娟译. 战略：一部历史. 社会科学文献出版社，2016：5.

② 黄志澄. 空天大视野. 电子工业出版社，2015.

③ 20世纪80年代，时任美国国防部净评估办公司主任的安德鲁·马歇尔针对如何获得美苏核战略竞争优势这一问题，即提出了强加成本战略（也称为"竞争战略"）. ［美］安德鲁·克雷佩尼维奇，［美］巴里·沃茨著. 张露，王迎晖译. 最后的武士：安德鲁·马歇尔与美国现代国防战略的形成. 世界知识出版社，2018：195.

④ 黄志澄. 美国空军提出面向实战的高超声速发展路线. 战略前沿技术，2017年8月19日.

不得而知，但都十分值得警惕和给予敏锐认识。2013 年 9 月，国内航天战略专家曾指出，高超声速巡航导弹由于发动机技术没有过关，加上机动性和隐身性能较差，估计 20 年内也不会达到实用水平。① 再比如，美国对是否可以拦截高超声速武器、是否需要构建高超声速武器防御体系等，也都是前后不一、表里不一，甚至看似"自相矛盾"。不过，美国正在极力构建高超声速武器防御体系应是事实，因为他们很早就认为，即使防御系统"漏洞很多"，也可能对攻击者产生强大的威慑力，对攻击者强加不确定性②，并且自然而然地迫使其大力发展"更好的剑"从而陷入军备竞赛陷阱。因此，美国在高超声速技术领域是实施了战略欺骗，还是既想引领自身发展、探索发展新武器，又想以较小的投资诱导对手走一段弯路？需要长期关注和分析，毕竟此类武器装备的研制大都是高风险且价值不菲。此外，与 10 年前关于美国低速临近空间飞行器方面的大量报道相比，近年来美国在临近空间飞艇、无人机等方面的报道甚少。那么，可以设想，是其遇到了技术难题解决不了，还是其为了不对包括战略竞争对手在内的其他国家造成刺激性的"引领"作用而故作保密，又或是其已在"悄悄"部署形成能力，目前也都尚不得而知。但综合其各方面基础看，应是正在"秘而不宣"地部署应用，并不像某些媒体宣称的"停滞不前"。如 2013 年 8 月，美国陆军和空军首次使用平流层飞艇引导拦截反舰巡航导弹试验取得成功。

总之，不可否认的是，近年来美国连续不断并大张旗鼓地抛出临近空间相关的新技术概念以及新作战理论，其中既有引领自身发展的意图，也有很强的战略诱导成分。一些大国以高超声速技术、浮空器技术为代表的数个临近空间飞行器研制计划，基本都具有"从众效应"与"亦步亦趋"的色彩，对美国在这一先发和优势领域的"虚虚实实""真真假假"如不加以敏锐地甄别，就容易麻痹，或盲目跟

---

① 黄志澄. 空天大视野. 电子工业出版社，2015.

② ［美］安德鲁·克雷佩尼维奇，［美］巴里·沃茨著. 张露，王迎晖译. 最后的武士：安德鲁·马歇尔与美国现代国防战略的形成. 世界知识出版社，2018：199.

进，或"西方崇拜"①，被动陷入军备竞赛陷阱，浪费战略资源与时间，最终导致丧失战略主动权。习近平强调，要提高技术敏锐度和认知力，对西方发达国家宣传炒作的一些所谓的新技术新概念，我们要注意甄别，增强认知力、鉴别力，不能听风就是雨，被人牵着鼻子走，陷入被动局面。②

比如，在目前中国大力发展航天力量、建设航天强国、不断对美国航天优势形成"反抵消"的关键时期，美国基于其20世纪中后期形成的临近空间特别是高超声速技术基础优势大力宣染临近空间，会不会是其为了将中国建设航天强国的"精力"分散到临近空间这一新领域、并对中国强加不相称的高昂成本、使中国建设航天强国进行有效竞争的努力更为艰难复杂的"阴谋"呢？这些都是值得思考的问题。早在20世纪七八十年代，美国对苏联的竞争战略，就是如何在持久的和平环境竞争中成为更有效的竞争者的战略，即为一种迫使苏联行为效率或有效性下降的办法，其中，将竞争转移至苏联要花费比美国多得多的资源才能在这些领域保持竞争力的特定领域，是这种战略的主要方式之一。对此，不得不保持强烈的警惕性。因为，美国在20世纪80年代末，即已清楚地认识到，中国作为崛起大国，将对美国的首要地位构成日益严峻的挑战，并评估中国将如何寻求提升大国地位以及美国如何才能做出最佳回应。美国对前苏联的那一套竞争战略，时至今日会不会寄生或变异到其与中国的竞争战略中？虽然我们对临近空间的巨大价值和大力发展临近空间的态度毋庸置疑，但上述问题应是要认真思考的一个重要的战略性问题。

（二）对临近空间发展成果盲目乐观或急于求成而出现的技术浮躁风险

战略前沿技术尤其是颠覆性技术的发展必然是一个渐变累积与跃升变迁交替发展的过程。临近空间技术也不例外。例如，美国 X −

---

① 2018年2月，美国SpaceX公司"猎鹰重型"火箭发射后，国内曾出现"西方崇拜"之象。

② 中央军委政治工作部．习主席关于深化国防和军队改革重要论述读本．解放军出版社，2016：70.

51A、HyFly 和 HTV－2 高超声速飞行器飞行试验相继失利的原因是多方面的，从技术角度看，技术成熟度不高、对技术难度预判不准，技术跨度大、技术途径存在跨跃等是主要原因，研究周期较短、试验次数明显不足是其潜在原因。同时，也应看到，这些也许是美国对高超声速技术"精益求精"追求过程中遇到的现实问题，反过来也更是进一步推进了其追求"精益求精"的程度。这是因为追求性能边界试验失利次数多与技术水平低之间是不能划"等号"的。一些国家高超声速技术飞行试验成功率较高，一方面说明了其在该领域确实取得了较大突破和进展，大有后来居上之势，但反过来，这并不能表明其已领先，对此仍要冷静客观看待，特别需要警惕志得意满情绪以及非理性的"繁荣假象"。

比如，以美国为首的西方国家不断鼓噪中国临近空间武器"威胁论""超越论"，中国有些媒体或创业团队"有一说二"甚至"胡乱放大"的热炒，若再存在"急于求成""急功近利""好大喜功"等浮躁现象，就容易造成对临近空间发展成果妄自尊大而出现"泡沫"现象，从而掉进竞争对手顺路设下的"陷阱"里。实际上，中国临近空间科学研究与技术研发起步相对较晚，整体上与国际先进水平相比仍存差距。例如，与已实用化的美国 NASA "战斗天星"、Google 公司数百个"南瓜"球以及美军"攀登者"飞艇、"高空哨兵"飞艇等相比，中国临近空间飞艇等仍处于关键技术攻关与试验验证阶段；[①] 与已实用化的美国"捕食者""全球鹰""太阳神"以及欧洲"西风"无人机等相比，中国"彩虹－T4"目前还处于技术爬坡阶段，与实用还有一段距离。[②] 中国高超声速计划虽取得喜人成绩，但基本上都能与美国的"一一对应"，或让人真正心动的成果并不多。"拳头对拳头"看似"都有硬功夫"，实则"谁也不怕谁"。何况在实战化程度、应用多样性与灵活性等方面尚未建立相对的技术优势，同时还面临美

① 中国航天科工飞航技术研究院编印：临近空间创新发展与开发应用高峰论坛论文集，北京，2017：93.

② 未来"准卫星"的雏形：总师详解中国首款临近空间太阳能无人机"彩虹"，http://mil.qianlong.com/2017/0616/1777178_2.shtml.

国继续加大投入力图长期保持优势的处境。众所周知，每次临近空间飞行试验无论成败，都有相关技术得到验证，都能给其他平行项目提供重要的支撑作用。即使是成败对半，但几十年发展积累的研究基础雄厚，若现在转向实用化策略，其形成实战化能力的进度必然加快更快，这也将进一步扩大领先优势。再比如，对于同样采用乘波体构型的 HTV-2 和"星空-2"，虽然 HTV-2 两次试射都以失败告终，但其速度、射程、释放高度都比"星空-2"的第一乘波体高得多。①两者之间并没有可比性，并不能简单地以"成败"论英雄。近些年，美国与澳大利亚联合开发的 HiFIRE 项目，也在重点研究乘波体。2017 年 7 月，HiFIRE 项目完成第八次飞行试验，试验中采用的乘波体飞行器飞行速度达到马赫数 8 左右。因此，从总体上看，美国在高超声速技术领域的体系发展最为成熟，几乎囊括了目前所有高超声速飞行器的原理和技术，在国际上仍是领先的。

再者，一项新兴技术是否能够产生颠覆性创新，要用事后的实效来检验。在一项新兴技术发展过程的前期，新兴技术会通过大量宣传，吸引政府、媒体和投资界的注意，使得对它的期望值迅速膨胀，大大超过其可能达到的效果。②近年来，常有许多媒体热炒，在颠覆性的新领域，有关国家的起点都是一样的，我们有信心、有能力、也正在发力，直冲世界前沿，高超声速正是这样一个领域。对颠覆性技术的这种态度值得肯定，但"起点"一样并不代表就能比对手"跑得快"，还需要有此实力和决心，更需要清醒地认识到，再快的技术更新，也是慢慢积累而来的，是谓厚积而薄发。毕竟中美之间在航空、航天、材料等领域存在差距是客观实际，盲目乐观的技术浮躁风险以及志得意满的情绪往往是可怕的。对国外宣扬的一些新技术、境内外媒体的一些炒作，既不能过度反应也不要反应不够，应从维护国家核心利益的角度出发，保持战略定力和耐心，有效应对，稳中有

① HTV-2 高超声速飞行器是一种助推滑翔型的高超声速飞行器，是迄今为止设计指标最高的助推-滑翔型高超声速飞行器。它由运载火箭发射升空，在大气层边缘以大约 20 马赫速度释放。根据设计指标，其乘波体本身纵向的滑翔距离近万千米，侧向滑翔距离 5400 千米左右。

② 黄志澄. 新航天——创新驱动的商业航天. 电子工业出版社，2017：25.

进，深远经略。

德国的社会学家、哲学家马克斯·韦伯认为，现代化是理性化，情绪化往往是浮躁化。在实现现代化的伟大征程中，美国有值得学习的地方，特别是在增强危机意识、忧患意识方面。比如，美国《时代周刊》的一篇文章指出："不断地谈论实力下降是美国最具竞争力的优势之一，它意味着对未来有更高标准和预期，如此警惕才能让美国远离噩梦般的未来。"美国是周边安全环境最好的国家之一，但其安全标准非常高，忧患意识非常强烈。① 美国近年来不断鼓噪中国临近空间武器"威胁论""超越论"，实际上也是其忧患意识的体现。对此，客观地看清差距，保持清醒，才能更好地前行。

（三）国际规则制定参与度与主导权不足滞后发展进程的风险

随着美国、俄罗斯、欧洲、日本等对临近空间的广泛开发以及相关飞行器逐渐进入应用试验阶段，如何规范临近空间的开发利用已成为各国和有关国际组织开始着手考虑和解决的现实问题。否则，就可能会出现如太空空间一样的历史性安全问题和现实安全风险。从纵向比较来看，临近空间国际规则制定等军控谈判可能会比太空军控谈判更早或更易取得实质性进展，因为在临近空间这一新领域已并非"一家独大"，这就为"谈"创造了条件。并且临近空间飞行器一旦大规模进入临近空间，由于其飞行原理与应用模式与航天器有很大区别，更容易引起关注，因为其飞行轨迹并不符合传统空气动力学原理、轨道动力学原理，更难以预测，更易导致误判从而引起摩擦或冲突。因此，对于未来在临近空间领域大国之间合作与竞争并存的态势仍将得以延续的状态下，须早作准备，积极倡议和参与相关国际规则制定等活动。

然而，一些后发航空航天国家，理解和运用国际航空航天规则的能力与美国、欧洲等传统航空航天强国差距较大，难以深度参与国际航空航天规则制定，制度性话语权不足。近十多年来，我国虽通过自

① 金一南等著. 大国战略——世界视野下中国决策的历史依据、现实抉择及未来趋向. 中国言实出版社，2017：26.

力更生、大胆创新，具备了在临近空间武器装备建设方面与世界军事强国"跟跑并跑"的潜力，形成了后发赶超态势，与俄罗斯、美国、日本等建立了一定的合作关系，但仍面临缺乏统筹协调的管理机制、缺乏较深层次的国际合作伙伴、缺少话语权等问题，总体上与传统航天大国之间是竞争多、合作少，处于规则制定、话语权争夺的弱势，这也是事实。另外，值得警惕的是高超声速技术正向其它国家特别是周边国家扩散。对此，不能不"防"，须在高超声速武器军备控制等方面做好应对之策。因为诸如高超声速导弹武器等临近空间新型武器，其飞得特别快、航程远（不像传统的飞机航程有限），滑翔或跳跃轨迹目标点难以识别预测（不像弹道导弹抛物线弹道易被预测），很容易引起战略误判。

相比之下，美国等在这方面优势突出并经验丰富，如美国就是通过联盟领导、制度构建和军事领先来保持其霸权统治的"合法"性。目前，种种迹象表明美国已开始着手制定法规条约来限制其他国家进入临近空间。如2017年9月27日，美国兰德公司发布的《高超声速导弹防扩散》报告，即是其抢抓临近空间规则制定主导权的"第一手"。将来，美国等为了遏制竞争对手的临近空间技术发展与力量建设，会依靠技术优势和联盟优势，通过主导制度构建对竞争对手进行规则限制、约束规范，从而造成竞争对手临近空间利益拓展与安全的风险增大。此外，美国、日本、欧洲等长期以来也一直对竞争对手实施最严苛的高新技术封锁，下一步为抢占制临近空间权，尤其是为限制其他国家临近空间战略拓展进程，进一步挤压对手在临近空间高新技术方面的发展利益将成趋势。

可以预见，在临近空间这一新兴竞争领域，若参与临近空间国际规则制定与主导权不足的现象得不到改善，可能会造成在临近空间国际博弈中的发展被动性增大，从而滞缓经略临近空间的进程。同样，竞争并不总是意味着敌对，同时也不是必然会导致冲突，危机中往往伴生机遇。如经济相互依存、科技创新孕育新突破、国际安全形势总体稳定等就是机遇，同时竞争本身也可能为力争在临近空间等新领域国际军控斗争中取得主动提供紧迫性，让竞争双方知己知彼，感受到竞争带来的"碰撞"压力，产生倒逼效应和正反馈效应。换句话说，这也是很重要的机遇。关键是看能不能在博弈中，塑造合作大于竞争、机遇大于挑战的局面，并在这一局面中抓住机遇、应对挑战。

欲在大国竞争中占据优势，智慧和智识、实力和决心、外力和规则三者相辅相成，共同支撑。就像《战略：一部历史》书中指出的，成功既来自智慧，也离不开强壮的体魄，从竞争一开始两者的重要性就不相上下，而通过外力协助来战胜对手的做法尤其聪明。① 科学技术是世界性的、时代性的，发展科学技术必须具有全球视野。在传统国际发展赛场上，规则别人都制定好了，参与者须按照已经设定的规则来赛，没有更多主动权。面对新一轮科技革命和产业革命的重大机遇，就是要在新领域新赛场建设之初就加入其中，甚至主导一些领域赛场建设，从而成为新的竞赛规则的重要制定者、新的竞赛场地的重要主导者。同时，这也对形成一招鲜、几招鲜的能力提出了明确需求。只有有参与或主导新赛场建设的能力，这一目标方可实现；否则，就缺少了机会。②

（四）临近空间安全隐患严重影响国家安全的风险

"天下虽安，忘战必危。"对新科技与新思想的感知与探索，必集中于追求在维护国家安全与发展利益上的实用和时效。临近空间飞行器尤其是高超声速飞行器，给现行防空反导防御体系带来巨大困难。临近空间技术发展较快的国家，有可能较早打破平衡，形成无人能及、无人能防的临近空间军事应用手段。届时，潜在强敌极有可能钻临近空间国际法律约束的"空白"，打着"合法"的幌子，"悄无声息"地侵犯他国上空临近空间领域，执行侦察、监视、通信干扰等任务，甚至从临近空间直接打击他国陆、海、空、天目标，对其他国家安全构成重大威胁。

---

① ［英］劳伦斯·弗里德曼著．王坚，马娟娟译．战略：一部历史．社会科学文献出版社，2016：5.

② 习近平．在中国科学院第十七次院士大会、中国工程院第十二次院士大会上的讲话．人民出版社，2014：11.

以美国高超声速临近空间飞行器为例，如在第一岛链和第二岛链部署，并可通过陆基、空基和海基灵活发射，将对竞争对手构成直接威胁。[①] 如从美国关岛地区打击直线距离3000~4000千米的目标，平均飞行速度为马赫数6的高超声速巡航导弹仅需飞行34分钟，这将大大缩短对手防空反导体系的防御反应时间和重要目标的机动规避时间。更何况美国2017年10月试验成功的海基AHW高超声速导弹具有游弋到对手"家门口"潜射的能力。相对而言，与美国已经展开的陆海空系列高超声速实弹试验进程相比，与俄罗斯已经列装的高超声速导弹相比，高超声速飞行器研制计划起步尚晚的国家明显处于不利竞争态势。

美国特朗普政府新出台的"国家安全战略""国防安全战略"，在强调其"全球领导地位"的同时，再次突出"美国第一"的战略思想，使新时代大国竞争之势更加激烈。巩固和扩大对战略竞争对手在陆地、海洋、空中、太空、网络及相关新兴领域的军事优势，是美国新战略思想的重要内容。临近空间作为联接"陆、海、空、天、网"的中间层或过渡区，近年来受到美军高度重视，得到强劲发展。特别是特朗普政府已明确"将寻求在临近空间高超声速技术领域保持世界领先地位"，明显突出针对战略竞争对手扩大临近空间优势的战略设计。面对威胁，若无制衡强敌的"王牌"或"筹码"，再加上临近空间态势感知、目标监测、反制和干预能力建设滞后，可能会出现临近空间"国门洞开"的不利局面，国家主权、安全和发展利益将受到严重威胁。对此，急需通过强化战略引领，抵御风险挑战，全力后发赶超，加紧打造临近空间战略竞争新优势。

五、亟需防范破解现实难题

对于临近空间这一新型领域的安全风险，既要做最坏的打算，更要做最好的准备，特别是要以强烈的忧患意识和紧迫感抓住战略机

[①] 梁晓庚，田宏亮. 临近空间高超声速飞行器发展现状及其防御问题分析. 航空兵器，2016（4）.

遇，迎难而上，打造非对称优势，争取战略竞争主动，维护国家安全和发展利益。坚持问题导向是马克思主义的鲜明特点；问题是创新的起点，也是创新的动力源。① 相对美国、俄罗斯而言，临近空间后发国家，虽然临近空间技术体系正处于向装备体系换挡的关键期，但与之配套的政策思维的换挡、体制机制的换挡以及自主创新能力的换挡、体系运用能力的换挡等仍需跟上。尤其是要避免过度地崇尚先进技术而忽视人的因素，过多地着眼未来挑战而忽视现实威胁。因为只有这样，才能使经略临近空间的各项措施产生化学反应，不但为有效应对现实威胁与潜在风险提供强大支撑，而且为抢占这一国际战略竞争新制高点发挥重大作用。

（一）需强化对临近空间巨大战略价值独特性的认识

时代是思想之母，思想是行动的先导。高度决定视野，角度决定思路，思路决定出路。过去那些发生革命性改变的岁月里，遇到的最大挑战并非技术因素，而是思想观念。② 历史表明，在建设新型能力之前完成思想的转变，使新型能力的建设有先进思想的引领、符合国家战略需求，是形成新型能力体系的重中之重。而新型军事思想必须获得在军事层面之上的政治认可才能转化为成功的军事实践。③ 因此，任何类型的新型力量的发展，并不取决于抽象的理论，而是取决于其是否可以以今天国家所能承受的战略成本保障实现政治目标的能力。当然，这需要对这一领域的战略价值和国家的战略需求予以准确而清晰的描述。

目前，对临近空间的认识存在惯性思维，常以老办法应对新问题，常从技术方面判断临近空间的潜在价值，常把临近空间放在"补充""支援"的地位，对其带动经济社会发展、国防和军队建设的系

---

① 习近平总书记在省部级主要领导干部专题研讨班开班式上的重要讲话．2017 年 7 月 26 日至 27 日．

② ［美］安德鲁·克雷佩尼维奇，［美］巴里·沃茨著．张露，王迎晖译．最后的武士：安德鲁·马歇尔与美国现代国防战略的形成．世界知识出版社，2018：246．

③ 窦国庆．大国兵智——新型作战能力与战争战略．中国人民公安大学出版社，2016：67．

统性效应，对其在未来战争中的总体定位、彻底改变战争方式的颠覆性效应，特别是"强天拓空"甚至"断天隔空"等独有的重大战略价值重视和认识不够，对即将开启的临近空间特别是高超声速时代的显著特征及其战略性影响研究不深。在临近空间对一个国家富国与强军相统一的核心利益，以及国家对临近空间发展的定位、目标与策略等重大战略性问题方面，尚没形成系统性的统一认识或共识，体制性障碍、结构性矛盾、政策性问题突出。

例如，在对新型领域的描述以及在相关文件资料上，多包括太空、网络、深海、极地以及生物、智能等新型领域，较少涉及临近空间。这在某种程度上表明对临近空间作为新型战略必争领域的独立性认识模糊。在这一方面，既有惨痛教训警示我们，又有丰富经验可以借鉴。甲午战史表明，当时中日间的巨大差距并不在武器装备方面，而是在思想和制度方面。反之，抗美援朝是武器装备差距最大、战果却最辉煌的一仗，充分说明先进的军事思想比武器更重要。所以，在临近空间技术突飞猛进的背景下，亟须不断涌现与之配套的新思想的引领与支撑，明确临近空间有什么用，临近空间装备发展重点是什么，临近空间装备怎么用等问题。对临近空间价值的认识也不是他人说什么就是什么，不是美国有什么、俄罗斯有什么，自己就必须有什么。

"不谋全局者，不足谋一域。"经略临近空间，须坚持总体国家安全观，站在政治和全局的高度，从全域看临近空间从国家安全战略全局谋划临近空间力量建设和运用。我们需要临近空间，拥抱临近空间，是因为未来我们需要，我们才通过研发和探索来拓展这一新型空间。关键在于在对待发展优先顺序时，必须依据紧迫需求公平客观地来筹划设计，而不是同时追求每一种似乎都有吸引力的发展目标。在这个视角下，充分认识和发挥临近空间的巨大价值，寻求确保临近空间与陆、海、空、天、网、电等领域的体系融合，实现国家军民效益最大化是第一位的。

（二）需完善临近空间顶层设计与统管机制

强国强军，战略先行。回顾历史不难发现，一个成功的大国无不善于进行战略规划并持之以恒连贯实施。当前，国际上临近空间战略、政治、安全政策、国际法、合作等领域的体系设计普遍滞后，部分甚至是空白。一些国家在对太空以及航空等领域相关的战略研究中对临近空间力量建设相关问题仅略有提及。受外层空间下界距地面约100千米的限制，当前在对军事航天①、太空战②、天战③以及空间战略④的定义当中都没有包括临近空间这一区域。⑤ 如《2016 中国的航天》白皮书以及《美国国家太空战略》中也几乎无涉及临近空间内容。业内所称的太空常指地球稠密大气层以外空间区域，又称外层空间或宇宙空间，下界距地面高度100千米左右，可分为近地空间、远地空间和深空空间。太空蕴含丰富的资源，近地空间拥有宝贵的轨道位置资源，月球上核聚变发电材料氦－3可为地球提供上万年的能源原料，木星、土星等类木行星上有丰富的氢能资源。太空对于侦察预警、导弹防御、测绘导航、卫星通信和电子对抗等具有重要价值。但太空并不包括临近空间，业内实际上也没有把临近空间作为航天空间或太空空间的一部分。如《2018 年世界航天发展年度报告》中并没有涉及临近空间发展的内容。⑥ 同样，"航空"虽指飞行器在地球大气层（空气空间）中飞行（航行）的活动，但受技术的限制，传统的航空空间一般特指空气空间的底层部分（18 千米以下），即稠密大气层区域，也没有包括临近空间稀薄大气区域。

---

① 中国军事百科全书：军事航天指具有军事目的的航天活动。主要包括军事航天理论研究、军事航天装备建设、军事航天部队建设和军事航天作战应用等。航天指人类利用航天器在外层空间的活动。

② 《中国人民解放军军语》：太空战亦称天战，是指敌对双方主要在外层空间进行的军事对抗活动，包括外层空间的相互攻防行动以及外层空间同空中或地面之间的相互攻防行动。

③ 《中国军事百科全书》：天战指敌对国家在外层空间进行的军事对抗，亦称空间战或太空战，包括外层空间的军事攻击行动、由外层空间攻击空中或地面目标的行动、以及由地面或空中实施，目的在于破坏航天系统或使之失效的行动。

④ 空间指地球大气层以外（一般指距地球表面100公里以上）的广阔宇宙，也称"太空"或"外空"。

⑤ 何奇松．太空安全问题研究．复旦大学出版社，2014．

⑥ 原民辉，等．世界航天发展年度报告（2018）．北京空间科技信息研究所，2018 年3 月．

这样，既然把临近空间视为一新型战略空间，就需要形成一盘棋的战略发展格局，统一认识、凝心聚力，形成全局性的、长远性的战略规划。临近空间的发展与安全不能因为缺乏整体的战略协调、一体谋划，造成既"谁都想统"，又"谁都没统"，从而出现管理缺乏统筹、计划衔接不够、开放协同不足、军民融合创新链过短、临近空间产业与国防建设难一体推进与协调发展等现象。应突出临近空间体系建设的系统性效应，统筹规划临近空间与空、天以及网等领域联动融合创新发展。军种之间、部门之间、承研单位之间整合资源、集中力量，避免追求多而全、重复跟风以及军民二元分割"两张皮"等问题。不能表面上看对于不同类型临近空间飞行器的发展规划"面面俱到"，但实际上乃参差不齐、衔接不上，"探索—研制—生产—装备—训练"规划体系不健全，与临近空间飞行器发展配套的地面支持系统和应用系统整体规划没跟上，从而制约临近空间技术向战斗力系统性生成转化的步伐。

此外，还应强调临近空间体系建设之初就应充分考虑与空、天、网等领域联动融合创新发展以发挥系统性效应。以美国本杰明·S. 兰贝思（Benjamin S. Lambeth）在其撰写的《空中力量、太空力量和网络力量》一文中所谈到的美国空中力量的成就为例，可以说明临近空间与空、天、网等领域跨域协同配合的重要性。1991 年初发生的海湾战争中美国空中力量在将伊拉克占领部队驱逐出科威特的过程中发挥了核心作用，1995 年的显示力量行动和 1999 年的联军作战、2001 ~ 2002 年间在阿富汗进行的反恐持久自由行动、2003 年进行的为期 3 周的伊拉克自由行动大作战均表明，成功的空中作战和支援行动，是随后以较低成本、以友好的且不会损害非战斗敌人的生命为代价的方式，产生受欢迎结果的关键推动者。然而，在上述例子中，决定作战过程和结果的重要因素，并不仅仅是狭义上的空中力量，而是来自或通过地球大气层实施的力量增强或增援行动，包括国家各种各样的太空资产以及在网络空间（电磁波频谱）实施的作战行动。在某些情况下，这些行动甚至起到了决定性的作用。本杰明·S. 兰贝思指出，只有将空中力量、太空和网络空间力量结合起来实现多种多样的跨域协同配合，才能制定出可行的战争新方法。① 这也凸显了目前"天网一体"发展与应用的重要性。同样，临近空间力量在支援作战等方面的巨大战略价值也只有在与空、天、网等领域进行融合后才能体现，临近空间力量单独遂行攻防任务也离不开空、天、网等领域的协同支持。所以，若在临近空间力量发展过程中忽视了其与空、天、网等领域的融合效应，那么这一课迟早要补，且一定会付出代价。

另一方面，临近空间力量的发展不是本领域独自的发展，联合作战中其他领域对其的明确需求对推动其快速高效发展具有重要作用。比如，2000 年 2 月，美国国防科学委员会（DSB）断定，美国享有无可争议的太空霸主地位，这在很大程度上归功于空军在过去的 40 多年里，在太空支持和军力提升任务领域做出的贡献，打造了一个欣欣向荣的军事太空基础设施。DSB 明确总结空军为了实现这一目标所作出的贡献包括：稳健的太空发射和支持基础设施、地基太空监视能力、全球封锁区域的近实时监视、快速传播监视信息的能力，以及可利用太空系统的可靠的指挥、控制和通信基础设施。可见，美国空军的需求是促进美太空力量发展的重要因素。同样，临近空间乃至其他新型领域的发展离不开其他相关领域的需求牵引和融合应用。如某些领域需要提升侦察监视能力，则可能对临近空间低速飞行器提出需求；某些领域需要提升远程精确打击能力，则可能会对临近空间高速飞行器提出需求等。

克劳赛维茨曾指出："太空像地球大气和电磁频谱一样，可能有其自己的语法，但却不具有其自己的逻辑。"退役英国皇家空军少将托尼·梅森在这点上也深刻指出："任何真实有效的空中力量理论以及出于同样原因的太空力量和网络力量理论，必须努力强调的不仅仅是该种力量的独特特点，还需要强调其与其他形式的战争或多或少共享的特征。"追求制空权，并不仅仅需要在空中进行战斗，还关键取决于空中和太空的 ISR 功能和 GPS 定位以及网络空间数据传输功能。推而广之，在提升空中、太空以及网络能力的任何考虑中纳入对临近

---

① 美国国防大学国家战略研究所编，李智等译．天权理论．国防工业出版社，2014：287－288.

空间的现实需求，一定会使临近空间的体系运用产生化学反应，从而发挥陆、海、空、天、临、网、电一体化"拳头"效应，意义重大。

此外，商业化是人类航天事业发展到一定阶段的必然产物，必将成为航天事业空前繁荣和发展的新动力。[①] 同样，临近空间领域的发展也必然衍生商业化进程，且相对航天领域，临近空间商业化从一开始就伴随临近空间发展热潮而兴起。如在网络空间成为一个国家中枢神经系统以及重心的情况下，利用临近空间形成地面网络空间的替补或备份，势在必行！因此，也须加强临近空间产业发展顶层筹划，完善商业临近空间市场运行规则及制度，构建临近空间技术发展与基础设施建设自主可控的产业化支撑保障体系，健全临近空间产业发展军民融合协同创新体系，加强国际合作，激发创新活力，等等。

（三）临近空间核心技术体系向装备体系转化需"爬坡过坎"

什么是核心技术？可以从 3 个方面把握：一是基础技术、通用技术；二是非对称技术、"杀手锏"技术；三是前沿技术、颠覆性技术。从总体上看，大国之间在临近空间的某些领域核心技术水平处一条起跑线上，如果能够统筹部署、集中攻关，很有可能实现从跟跑并跑到并跑领跑的质变。同时，也应清晰地看到，某些临近空间核心技术尚处于试验验证阶段，欲转化为装备尚待时日。

首先，临近空间原始基础自主创新能力亟待提升。核心技术的根源问题是基础研究问题，基础研究搞不好，应用技术就会成为无源之水、无本之木。基础不牢，地动山摇。从航海时代到航空时代，再到航天时代，基础问题一直是科学发展和技术进步的先锋和支撑。与百年航空和已发展数十年的航天相比，人类对临近空间的认知还只是"冰山一角"。要真正认识和利用临近空间，就要回归问题本源，加强原始基础自主创新能力建设，改变靠投资要素驱动、以模仿创新为主的被动跟随模式，克服在临近空间基础问题和核心技术方面存在的许多短板、缺板。尤其是在气动、能源、材料、动力、结构、控制等临

---

① 黄志澄. 新航天——创新驱动的商业航天. 电子工业出版社，2017：17.

近空间基础理论和核心技术领域，仍需充分发挥后发优势，不断夯实基础，完善集智攻关竞争格局，持续增强自主创新能力。①②

其次，"一招鲜"等新技术创新与发展亟待加强。世界的本质是差异，也正是矛盾和差异推动了世界的发展和变化。差异就是发展变化的根源，就是在竞争中制胜的先机。新型力量的价值在于与对手存在竞争差异，从而凸显对手的弱项、自己的优势，而不是使对手容易追随与模仿，更不是每个国家的新型力量都要千篇一律。因为欲在大国竞争中争得先机、有效威慑和战胜强敌，必须另辟蹊径、以奇制胜。特别是在科技总体上与竞争对手相比仍有差距的情况下，更要采取"非对称"赶超战略，发挥自己的优势，以己之长攻其之短。针对战略竞争对手的"矛"与"盾"，重视差别化竞争战略，发展具有创新意义的新技术，掌握独有的"一招鲜"，是制造技术突袭、避免受制于人的重要途径。同时，在发展制胜临近空间或威慑强敌的"一招鲜"新技术新能力的过程中，不能急于求成，不能商业炒作，要在技术创新上下真功夫，打牢基础、一鸣惊人。

第三，临近空间技术发展亟需加强与需求对接，找准发展重点，这样才能以有效的资源高效构建满足打赢未来战争和促进经济发展急需的临近空间装备体系。需求牵引发展，发展满足需求。任何新型领域和新型作战力量的兴起与发展，普遍源于需求、基于技术，最终成熟于实战运用，即战略需求牵引、技术推动、创新运用"三轮驱动"。资源永远都是有限的，而需求牵引规划，规划主导资源配置，唯此方能实现有的放矢。伟大的创新跨越源于国家战略需求的强力牵引。如果不能发展适应国家未来战略需求的新型能力，即使不意味着国家自

---

① 祝明，陈天，梁浩全，刘东旭．临近空间浮空器研究现状与发展展望．国际航空，2016（1）．

② 陶于金．临近空间超长航时太阳能无人机发展及关键技术．航空制造技术，2016（18）．

寻没落和失败，那也是国家走向没落和失败的见证。[1][2] 因为这浪费了国家极其有限的战略资源，而资源浪费的过程某种意义上就是国家衰落的过程。类似太空力量，临近空间力量本质上是指利用临近空间实现国家政治目标的能力。因此，面对临近空间广阔的军用民用需求，临近空间技术的发展亟需与经济社会发展、国防和军队建设、制胜未来战争最高需求对接，避免盲目跟进，避免重复建设，要好钢用在刀刃上，最大限度提高成果转化率，尽快形成适应信息化智能化战争需求和有效履行国家战略使命要求的临近空间装备体系。

（四）欲最终形成临近空间体系运用能力急需先进理论和人才支撑

经略新型领域需要多方努力，包括政治运筹、外交斗争、科技竞争、规则博弈等，但在军事上实现新型领域的跨越始终是深远经略新型领域的保底手段。一个国家特别是大国对新型领域的开拓和跨越，往往要在转化为军事实力后腰杆才硬、说话才算数。否则，即便一个国家在新型领域技术上取得了很多重大突破，但没有在军事实力上产生化学反应，最终则难以形成维护国家安全与发展利益的体系运用能力。正如没有哪个国家是纯粹靠物质繁荣而真正强大的一样，也没有哪个国家或哪支军队是纯粹靠技术先进而无坚不摧的。高新技术可以提高生产力、战斗力，但是高新技术研发所取得的成果只是提高生产力、战斗力的必要条件而非充分条件。如在太空战、网络战中，技术虽是核心战斗力、核心竞争力，谁拥有先进技术，特别是谁能够在思想上、组织上、战术上很好地利用这些技术，谁就能掌握制胜利器。正如1994年安德鲁·马歇尔提出的新军事革命是信息收集、处理和交换诸系统与运用军事力量的诸系统之间相互作用的结果一样，只有形成一个所谓的系统体系，方可确保这种相互作用的顺畅和持续，方

---

① 窦国庆. 大国兵智——新型作战能力与战争战略. 中国人民公安大学出版社，2016：1.

② ［美］Adam R. Grissom, Caitlin Lee, Karl P. Mueller 著. 李睿深，计宏亮，赵楠等译. 美国空军创新六个典型样本研究. 国防工业出版社，2018.

可形成体系运用能力，即制胜强敌的战斗力。①

新型作战能力的出现是与战场拓展一致的。新型作战能力之于战争也绝不是依赖于一两支精锐利器来打天下。因为战争是敌对双方在政治、经济、社会、地理、实力资源对比、外部援助、主观领导与指挥上展开的对抗，每一方面能力及其之间的互动都会成就一个或多个制胜因素。② 早在1958年，时任美国参谋长联席会议顾问的基辛格博士就认为，毛泽东的军事学说充满了这样一种主张，认为战争的心理等分与物质等分同样重要；实际上决定战争的不是实力，而是巧妙地加以运用并置敌人于最大之不利地位的能力。③ 因此，如果不能通过高于对手的投入取得胜利，那么就必须要在思想和策略上超过对手。特别是在技术能够被所有人公平获取的情况下，技术的有效应用就成了关键所在。④ 而技术的高效应用离不开编制体制、作战方式以及文化传统等新思想新理论新策略的不断进步和再创新，这一定是综合使能产生综合效应的体现。

因此，欲使新型领域先进的技术或技术在硬件上的应用形成高效的体系运用能力，还须增强国际视野的大局观、制胜未来战争的使命感，结合国家实际同步甚至优先地积极探索开发新的体系运用概念，积极推进与之密切相关的组织机构改革、人才队伍建设特别是高效指挥体系建设，对临近空间装备体系概念、使用模式、组织机构、保障体制、规则制定以及参与国际竞争与合作策略等方面进行系统性谋划与研究，对临近空间与空中、太空、网络等领域之间的联系、相互作用、集合效果等进行系统性谋划与研究，从而避免沉迷先进技术验证而忽略发展先进思想和理论的问题，避免战法研究、体系论证、装备形成、技术发展、试验训练之间脱节的问题。这样才能更好地来应用

① ［英］劳伦斯·弗里德曼，著．王坚，马娟娟，译．战略：一部历史．社会科学文献出版社，2016：284.

② 窦国庆．大国兵智——新型作战能力与战争战略．中国人民公安大学出版社，2016：162.

③ 亨利·基辛格．核武器与对外政策．世界知识出版社，1960：319.

④ ［美］安德鲁·克雷佩尼维奇，［美］巴里·沃茨著．张露，王迎晖译．最后的武士：安德鲁·马歇尔与美国现代国防战略的形成．世界知识出版社，2018：109、234、246.

这些新技术新成果，同步产生高效的体系运用能力。美国"抵消战略"的核心是利用前沿科技群，然而科技的价值需要通过思想和组织来承载。越南战争结束后，美军联合作战能力之所以超前于其他国家，其根本在于美国出现了更加完善和更具创新精神的体系作战能力生成系统。其中，围绕新技术的体系作战新理论"层出不穷"功不可没。

理论、装备、人才以及实训实用环境是形成体系运用能力的关键因素。欲形成临近空间体系运用能力，除需要装备体系、理论体系外，更需要在实训实用环境中锻造人才体系的有力支撑。主要国家基于航空航天领域基础，一般都正在储备一定的临近空间研发力量，但尚未创建临近空间自有学科，临近空间人才培养并不成体系，临近空间发展的可持续性有待考验，尤其是临近空间科技高端人才不足、应用人才培养滞后的问题较严重。且伴随商业航天的发展，航空航天领域目前面临日益突出的人才断档或流失问题，也不利于为临近空间储备人才。同时，临近空间力量发展一定程度上也分散了航天以及航空建设力量的精力。如何形成搭配合理的空天临等相关领域人才体系是一现实问题。

功以才成，业由才广。人才一直以来便是科技进步、经济社会发展的第一资源。1938年毛泽东在《论持久战》中就谈道："力量对比不但是军力和经济力的对比，而且是人力和人心的对比。军力和经济力是要人去掌握的。"美军联合部队司令部2010年颁布的《联合作战环境》报告指出："战争中技术因素很重要，但不起决定性作用，人的因素更加关键。"对于近在咫尺的未来知识型社会，关于人才和创新能力的竞争更将在全球范围内加剧，特别是在航空航天以及新材料、新能源等重要领域更是如此。如何能够为临近空间持续发展系统性地储备人才和人心，是深远经略临近空间形成持久竞争优势的当务之急。

总之，临近空间能力体系的形成离不开理论牵引、人才支撑以及后勤保障、社会环境、技术应用等多方面的循环迭代，是一项复杂的系统工程，任重而道远。

第八章　经略临近空间的战略举措

预见未来的最好方式是创造未来！如何在复杂的局势中有效应对战略风险、解决现实难题，从战略上赢得胜利，也许就是战略的真正价值所在。创新始于战略，创新之目的即为国家战略性问题提供创新性解决方案。临近空间在国家整个安全战略与能力体系中不可或缺。经略新型领域、形成新质能力，具备保障临近空间安全能力，保护临近空间利益不受威胁，合理发展与体系运用不受妨碍，是支撑国家实现由大向强永续发展的战略需要，对抢抓未来战略竞争主动权具有决定性影响。对此，需要不断加强战略谋划与顶层设计来引领。"行百里者半九十。"适应国家安全战略需求，以宽广的战略视野统揽全局，以稳定的战略设计筹划指导，以科学的战略举措强化保障，系统谋划、前瞻设计，创新发展、体系重塑，使临近空间科技和装备建设、新型人才培养与信息化运用体系构建、国家经济社会发展同频共振、互相支撑，是深远经略临近空间高效协调创新发展、全面提升国家综合实力和国际竞争力的重要途径和根本保证，对维护国家安全和发展具有重大战略意义。

一、构建战略管理体制机制，持续提升
战略筹划能力

小智治事，大智治制。硬件潜力的发掘离不开优秀的软件，硬件的升级也意味着软件必须调整。如加快战略转型，打造世界一流军队，不仅是装备和技术升级，更重要更深层的是人的理念、素质转型，是组织形态与管理模式的重塑。经略临近空间，不单纯是技术的创新、装备的研发、能力的形成，尤其是对于发展中国家、转轨国

家、历经改革的国家，最重要的创新是制度与观念创新。① 主动适应形势变化、任务需求，特别是进一步适应世界科技发展形势和新军事变革趋势，瞄准国家安全战略需求，强化问题倒逼意识，深入认识临近空间的重要价值，创新临近空间战略运筹与能力建设体制机制，科学制定临近空间战略和力量建设规划，是统一思想、统合力量、统筹推进临近空间战略目标早日实现的关键。

一是加快建立集中统一、顺畅高效的战略管理体系。战略管理，是国防和军队建设最高层次的管理，是着眼战略全局的综合性管理，是从设计战略目标到实现战略目标的过程管理。随着时代的发展，军队装备现代化水平越来越高，组织结构愈益复杂，技术密集性空前增大，专业化程度日益提高，军队建设的整体性、相关性、系统性要求也越来越高，越来越需要加强战略管理，持续提升军队建设的整体质量效益。其中，通过战略管理建立高效集约的资源统筹机制，是新型领域新质能力生成更加高效、持久提升的统揽与土壤。在国家层面构建临近空间安全与发展领导体制和运行机制，建立临近空间安全与发展联合指挥与管理机构，融汇思考的智慧与战略管理、积极协作的效益，基于使命任务、应用功能、联合需求、现实条件，以及机构人员航空航天技术与工程能力提升、采办和管理经验积累，破除制度藩篱和利益羁绊，做好并落实好临近空间顶层设计和战略筹划，将临近空间体系建设与发展顺畅融入国家安全与发展战略全局，使力量和资源分布更加平衡与科学，助力国家安全与发展系统性效应生成，以质取胜、以新取胜、以快取胜。

二是创新宏观管理体制机制，提升战略管理的决断力与权威性。进一步拓宽视野，创新战略思维，着眼国家利益全局，从政治高度思考和处理临近空间力量建设与运用问题，强化系统性的顶层设计与战略管理，筹划和指导临近空间力量建设与运用实践，不断提高经略临近空间的能力水平。推进临近空间决策咨询制度建设、临近空间安全预测机制与需求生成机制建设，重点选择和发展最具成本效益综合优

---

① 徐成钢．相比技术创新，制度创新对中国更重要．新浪财经意见领袖，2017 年 6 月 14 日．

势的力量体系。建全临近空间"战略—规划—行动—评估"体制，完善临近空间技术创新调查与评估制度，提高临近空间战略筹划水平与顶层主导、评估监管能力。完善临近空间创新原创保护、绩效管理和激励机制，开展第三方独立评估，激发创新活力，形成独特的创新文化。加快完善临近空间法律法规，鼓励体制内外机构相互合作和社会资本投入，形成竞争与合作并存有序的发展环境。

三是科学制定临近空间安全战略、发展规划。在国家安全战略和军事战略指导下，遵循科学规律，基于国情实际，务实考虑技术风险、经济风险、进度风险等综合影响，不迷信外国、迷信他人，全面立体思考、整体筹划，以创新体制机制、强化军民融合、深化国际合作、塑造有利态势为主线，统筹制定临近空间安全战略，避免陷入"威廉二世陷阱"。[①] 根据需求，赋予临近空间与"陆、海、空、天"四大传统自然空间平等的优先发展地位，围绕国家亟需突破的核心技术，以推动技术创新、谋求技术优势为主线，以灵活有限部署力量为重点，科学合理规划涵盖"军、民、商"综合全面的临近空间体系发展路线图。充分发挥临近空间安全战略及发展规划的统筹、规范与协调作用，形成协同效应和战略合力。对基础性技术、通用性技术，要咬住不放、攻坚克难。对非对称技术、"杀手锏"技术，要选准方向、找准突破口，组织精锐力量集中攻关。对关系长远发展的前沿技术、颠覆性技术，要从国家层面超前谋划布局，充分利用全球资源，争取掌握未来竞争新赛场的规则制定权和主导权。在此过程中，要遵循体系化思路，从体系效应最大化角度出发，把握好需求和能力之间的匹配、成本与收益之间的平衡、技术先进性与可靠性和安全性之间的平衡。坚持"一盘棋"思想，军民一体、平战一体、多维一体、前后方一体、统之有道、统之有度，有所为有所不为，保持战略理性，形成集中力量办大事的制度性、结构性、系统性合力，筑牢根基，提高战略布局的综合效益。

四是完善临近空间与空、天等领域成体系协同发展机制。坚持全

---

① "威廉二世陷阱"，出自德意志第二帝国兴起和衰落的历史。当年的德国过度地设定超出国家实力的目标诉求，最终导致一战败局。

面系统、辨证平衡，完善临近空间与航空、航天等领域成体系协同发展军地协调、需求对接、资源共享机制，着眼信息服务、制衡威慑、攻防对抗能力体系运用要求加强统筹建设，使临近空间发展有效融入经济社会发展体系和联合作战体系，形成一个密切关联、有机互动的效能融合体。警觉审慎、创新驱动，稳中求进、稳中求快，在积极推动核心技术成果转化、加速临近空间能力生成的同时，增强临近空间创新链、产业链、价值链整合能力，形成临近空间与"空、天、网"以及其他领域力量发展相互促动、整体推进的良好局面，构建临近空间利用与安全相统一的格局，发挥临近空间对经济社会发展、国防和军队建设的系统性涌现性效应，推动战略竞争力、军队战斗力、社会生产力同步提升，提高国家安全体系中跨领域经济社会发展和军事斗争准备之间的统一性、兼容性、灵活性。

五是强化战略以及目标的评估与修正。目标明，则思路清。然而，事物的发展进程会随着状态的变化而改变。由于偶发因素、对手干扰、盟友失误等种种因素存在，人类事务天生不可预知。实践中，事先设定的种种目标很难按部就班地逐一实现。[①] 特别是新型领域能力建设涉及面广，系统性、竞争性、前瞻性强。这就需要及时对先前的战略以及最终目标进行动态性地评估和修正，从而实现从所处的既有态势中理性地以合理的代价获取更多利益。对于上述临近空间战略以及规划等，需要对当前以及未来不断发展的形势转变有更充分的认识，作出更准确的判断，动态地适时评估与修正战略设计与规划路线，以便采取更有效的行动，以实现聚焦实战、创新驱动、体系建设、集约高效、军民融合的正向循环迭代。

二、发挥体系比较优势，突出重点与特色
加快技术体系创新

科技是国家强盛之基，创新是民族进步之魂。树立颠覆性创新是

---

① 〔英〕劳伦斯·弗里德曼著. 王坚，马娟娟译. 战略：一部历史. 社会科学文献出版社，2016：1.

核心战斗力的思想，体现差异性效能、多样化选择，以长击短或以奇制胜，需求牵引、急用先行，有力提升临近空间技术创新的实用性、时效性以及针对性。

针对临近空间技术发展自主创新能力亟须进一步提高的问题，坚持比较优势以及持久优势的原则，统筹兼顾、突出重点，自主创新、持续发展。同时，根据国际形势和科学技术水平的变化，动态研究发展颠覆性技术的新思路新策略，瞄准目标、分类施策，理性培育颠覆性技术，确定重点投资方向及优先次序，有效规避对手设置的竞争陷阱。推动技术创新模式从"技术创新寻找用户"向"用户需求引领技术创新"转变，重点以国防建设和军用民用需求为牵引，统筹临近空间多样化装备技术新能力持续发展，积极培育新质应用能力，健全临近空间运用体系，全面提高临近空间实用实战能力。

一是深化临近空间军民融合科技创新发展格局。将临近空间科技创新与国家经济社会发展、国防和军队现代化建设紧密结合，积极贯彻落实军民融合发展战略，以扩大开放、打破封闭为突破口，确保临近空间军民融合科技创新统筹谋划、统筹决策、统筹资源利用，深化临近空间科技创新多维一体、协同推进、跨越发展格局。充分发挥集中力量办大事的体制优势和当前大众创新的政策优势，有效融合地方资源与军队资源，通过军民合建合用、分建共用等方式，构建临近空间国防科研力量、企业创新力量、高校基础研究力量之间及与用户部门之间的协作机制，推动颠覆性技术与渐进性技术整合、基础研究与应用开发并行。坚持以"大发展"支撑"大国防"、以"大国防"带动"大发展"的策略，考虑全寿命费用及经济可承受性的制约，抓好核心技术协同创新、高精尖引领、短板弱项攻关等打基础利长远的工作，提高整体效益，为临近空间科技和装备持续创新发展增强后劲。

二是夯实临近空间技术自主可控与创新发展的基础。实践反复告诉我们，关键核心技术是要不来、买不来、讨不来的。对此，需准确把握新科技革命、新军事革命演变趋势，全面研判世界科技创新大势，在积极推进新兴战略领域新质作战能力生成过程中，提高对新兴技术的敏锐度、认知力和鉴别力。综合考虑急迫需求与战略前沿，化劣为优、扬长避短,论证优化前瞻性、先导性、探索性、颠覆性的临近空间技术及装备发展方案。聚焦临近空间飞行器先进总体设计以及能源再生、材料与热防护、推进与动力、导航制导与控制、平台与载荷等关键技术攻关重点,找准创新路径和突破口,持续加大支持力度,咬住不放、攻坚克难,加快构建自主可控技术创新与基础设施体系,大力提升临近空间基础前沿技术、关键共性技术、颠覆性技术等创新发展水平与效益,尽早形成并持续增强技术竞争优势。

三是针锋相对加快反制临近空间技术体系建设,错锋对进构建新型跨域竞争能力。在从科技大国向科技强国迈进、从"跟跑并跑"向"并跑领跑"跨越的过程中,既需要奋力同道超越,又需要预测出"新道"进而从一开始即实现引领,增强比较优势。就如 2018 年 3 月 1 日俄罗斯总统普京在国情咨文中透露的"可穿透任何反导系统、打击全球任何一个地点、配备新型核弹头"的全新导弹一样①,只有有类似这样的"一招鲜",才能真正建立新的不对称,从而起到真正的战略威慑作用。而如前所述,"拳头"对"拳头",往往表面上看是"谁都怕谁",而实际上是"谁都不怕谁"。因此,在夯实临近空间技术自主可控与创新发展的基础上,要坚持对称和非对称结合发展的思路。一方面,针对性地开展临近空间目标特性分析以及预警探测与识别、跟踪与拦截策略研究,积极构建反临近空间目标预警、探测、拦截以及指挥控制等技术体系;特别是聚焦临近空间高超声速飞行器探测难点,尽快突破高超声速目标预警探测关键技术,形成预警探测能力。这也是目前美国和俄罗斯重点发展的方向。另一方面,需加强先进雷达探测、激光拦截、智能拦截以及新型反击力量等"一招鲜"与非对称技术创新,组织精锐力量集中攻关,力争早日制造技术突袭或奇袭,发展对手能力体系中薄弱甚至是缺乏的新型能力,培育无规则、超常规战争战斗力新的增长点,推动构建未来战略竞争新的持久性优势。

四是加快实现技术创新向能力生成与提升转化。尊重科学研究规

---

① 2018 年 3 月 1 日,俄罗斯总统普京在国情咨文中透露,俄罗斯在 2017 年底成功试射了一种配备新型核弹头的全新导弹,可穿透任何反导系统,打击全球任何一个地点.

律，融合核心关键技术突破与系统演示验证，在降低技术风险的同时，加快临近空间科学、技术和工程装备的系统性融合和转化进程。根据技术突破实际与战斗力生成、生产力提高急需，动态调整发展重点，优先支持事关"侦察—打击"体系能力生成与提高的重点领域。基于前瞻布局，明确优先支持项目和时限突破的重点目标，推进临近空间信息感知与远程投送等实战实用能力的快速生成与持续提升，丰富战略威慑选项，增加竞争与斗争砝码，确保有效慑敌制敌。推动增强临近空间力量促进其他领域能力提升的辐射效应，形成多维一体、软硬结合、功能互补的大体系作战能力，以己之长，击敌之短。

五是重点推动高超声速技术工程化实战化。如美国成立高超声速技术实战化"国家队"一样，要立足当前、着眼长远，健全重大任务引领、多部门协同创新的高超声速技术发展与转化机制，突出建设重点、强化资源共享，避免重复建设、防止条块分割，实现高超声速技术全局性规划、多领域统筹、全要素整合、多军种协同、高效益发展。瞄准强敌战略弱点，紧贴相关军种实战需求，选准战略方向，着眼体系对抗，着力填补体系空白、补齐短板弱项，统筹推进高效指控系统、先进传感系统、实用武器系统一体化构建，统筹考虑陆、海、空专用型以及通用型高超声速武器发展，带动临近空间领域重大军事能力整体跃升，并适时进行战略预置，形成战略威慑与制衡优势、优于防御的绝对进攻优势。

六是强化临近空间环境效应认知，提高研究与系统应用水平。加强临近空间大气环境探测能力建设，开展多层次的、大气各圈层的耦合研究，提升对典型区域上空以及相关区域上空临近空间大气环境参数及其变化规律的认知水平。考虑空间环境及其效应的复杂性，建立适合未来需求的临近空间环境效应机理理论研究体系、技术方法体系、地面试验模拟与验证体系等，全面研究临近空间大气动力学、热力学、大气辐射传输过程、大气光化学过程等环境效应机理，为临近空间开发与应用水平的持续提升奠定基础。

三、加快能力体系生成，强化全球战略 平衡与稳定

科学的军事理论就是战斗力。坚持信息主导、体系建设，大力推进临近空间理论引领、装备体系与应用模式构建、高素质人才培养等军事斗争准备，既是技术向装备转化进而形成实战能力的本质要求，更是经略临近空间的安全保障。理念与能力创新更重要。只有树立大体系思想，坚持军民融合、领域融合、内外融合，保持战略连贯性，促进相关领域战略布局一体融合、战略资源一体整合、战略力量一体运用，增强战略指导的整体性、协调性，才能推动临近空间战略竞争力、军队战斗力、社会生产力同步提升。针对现实威胁，聚焦实战、慑战并举、以慑遏战，创新超前性作战理论，牵引先进装备发展和新的作战样式，强化人才战略支撑，优先形成临近空间战略威慑和打击体系优势，积极防御、以慑为先、防反一体，主动塑造空天态势、夺取空天优势，维护全球战略平衡与国家安全。

一是聚焦使命任务不断加强临近空间发展与运用理论创新引领。对未来战争的预想决定了军队发展的重点与步骤。坚持战略思维，深入研究未来战争制胜机理，主动设计未来战争[1]，方可赢得思想主动。深入探索现代战争制胜机理，切实把握信息主导成为制胜关键、体系对抗成为基本特征、精确作战成为重要方式、全域机动成为必备能力、空天网成为崭新战场等新特点新规律新趋势，特别是要高度关注"空、天、网、临"融合新特点新规律新趋势，创新临近空间战略指导、体制编制、装备体系发展、教育训练、技术保障、军民应用、指挥与决策机制等理论研究，同步引领临近空间军事体系变革、作战概念与组织方式创新。提高联合体系作战临近空间军事运用试验验证理论与技术水平，研究临近空间进攻作战、防御作战和保障作战等新理念与新模式。前瞻临近空间力量对信息化智能化作战的"倍增"或

---

① 杨军威. 设计未来战争，推进自主创新（中篇）. 装备参考，2017 年 9 月 26 日.

"致命"机理，创新引领临近空间力量运用理论、组织管理与指挥、装备、人才等体系一体化构建，力争以自己的"游戏规则"来主导临近空间竞争以及未来战争多领域集聚效果最大化。

二是聚焦实战统筹构建临近空间装备体系及运用模式，持续强化临近空间存在、功能与效果。融合才能强盛，一体方可制胜。坚持全局思维，树立大体系思想，以与航空航天力量以及地面、海上力量融合运用为重点，加快构建集"空/天/地/海/临全高度、通信/侦察/干扰/指挥/打击全要素"于一体的临近空间装备体系，创新具有非对称、非接触、非线式作战样式，配套推动组织机构改革。基于技术基础，加强理论引领，从非对称空天作战以及服务经济社会发展的角度，系统筹划临近空间态势感知、通信导航、指挥控制、攻防对抗和后勤保障装备体系运用，促进临近空间力量体系本身战略支援、战役融合、战术应用及其高立体、大纵深、多层次"外溢效应"最大化，为经济社会发展、国防和军队建设、制胜未来战争带来"连锁反应"和"化学反应"。坚持需求牵引、深度融入，把临近空间备战和止战、威慑和实战、战争行动和和平时期力量运用作为一个整体加以运筹，发挥好临近空间力量的战略功能。一是形成临近空间态势感知体系，加强临近空间及其相关空间态势的感知与侦察，及早发现和应对面临的威胁和危机征候，有效控制危机升级。二是形成临近空间信息支援体系，为其他领域力量运用提供信息支援，为经济社会发展、打赢战争提供保障。三是形成临近空间快速打击体系，通过高超声速威慑和高超声速实战两种形式发挥"杀手锏"作用。

三是聚焦新型力量生成大力完善临近空间人才培养体系，提高人才综合能力素质。综合运用政策吸引、事业凝聚、制度激励等措施，积极拓宽临近空间人才培养与引进渠道，构建军民结合、寓军于民的临近空间人才培养体系，建设一流人才队伍。强化人才战略的蓄力和可持续作用，采用"请进来、送出去、常态化"的思路，培养和造就一批能够为临近空间开发和可持续发展贡献力量的高水平专家队伍。瞄准实战化和实用化急需，构建临近空间领域学科专业，并采取特殊政策，持续加大临近空间人才培养规模，提升培养质量，为临近空间战斗力以及生产力提升做好准备。遵循现代战争制胜机理，突破体制和机制障碍，整合临近空间相关学科领域顶尖人才和研究资源，协同构建形成跨学科跨领域人才培养环境；加强临近空间及融临近空间于一体的太空、网络空间和多域实战化训练前瞻谋划和顶层设计，坚持研试训一体，打通新型力量战斗力生成通道，强化针对性训练、实案化训练、指挥员训练，聚力增强在更加广阔的多域空间遂行多样化任务的能力。

四是强化临近空间效益动态评估，科学引领发展。新型能力不仅体现在静态的数据上，更重要的是如何体现在动态的体系运用中。加强体系运用中临近空间理论、装备、人才等要素运用效能概念评估方法研究，构建临近空间各要素体系贡献率以及投资回报率评估模型与指标体系。以对体系的贡献率为标准，借鉴"需求搜寻者（立足发掘新需求进行相应创新）、市场阅读者（通过持续改进已有技术产品来提高产品价值）、技术推动者（通过新的技术突破和技术本身的持续改进实现创新）"企业创新战略理论，通过演练演习等评估临近空间各要素之间相互作用及其对整个体系运用效果的涌现性行为。坚持临近空间军事斗争准备体系设计动态优化，科学引领并持续推进临近空间军事斗争准备动态创新，搞好战略运筹、资源投入、战略预置，扬长避短，不断提升临近空间领域力量的联合作战和跨域作战能力，努力夺取战场综合控制权。

四、积极发展临近空间产业，同步提升国防和经济效益增长点

临近空间产业作为一个新兴领域产业，在国家整个产业体系中，乃至整个国民经济中已显现十分重要的带动和促进作用，将成为国家整个战略体系中不可或缺的重要组成部分。谁拥有颠覆性技术创新的成果，谁就占有了市场的绝对优势。也只有做到市场的充分开放，才

能催生颠覆性技术创新。① 未来世界舞台上，彰显国家综合竞争力的临近空间颠覆性技术创新和产业发展水平的提升，离不开市场开放环境下与商业运作的结合、与社会经济的融合。同时，临近空间技术创新，与产业发展、经济社会水平的提高也是一个相互依存的关系、相辅相成的过程，需要坚持以国家导向、政府导向和军队导向为主，在明确全球未来临近空间产业发展趋势、把握新一轮产业结构调整和升级的机遇的基础上，齐头并进、同步发展，在临近空间技术、产业、政策上共同发力。

十九大报告提出，要瞄准世界科技前沿，强化科技创新，建设科技强国、质量强国；建立以企业为主体、市场为导向、产学研深度融合的技术创新体系。抓住当前信息技术变革和新军事变革的历史机遇，深刻理解生产力和战斗力、市场和战场之间的内在关系，把握空天一体多域一体军民融合的机理和规律，瞄准国家战略需求、军事需求、作战需求，发挥集中力量办大事这一新型举国体制优势，通过市场机制提升资源使用效率，尽早推动形成全要素、多领域、高效益的临近空间产学研深度融合发展的格局。

一是积极营造利于临近空间产业健康发展的环境。构建切实可行的、有效的、系统化的政策和法规、标准体系，支持和保障临近空间产业健康发展。强化改革推动、政策激励、法规保障、需求对接系统效应，政府和市场双轮驱动，健全临近空间产业发展军民融合创新体系。以临近空间产业创新发展与应用需求为驱动，转变政府职能，优化资源配置，构建强大的临近空间工业基础，在技术创新、提高效率和降低成本方面形成综合优势。建立基础科学与创新成果商业化之间的桥梁，以开放促创新，以创新利开放，军民融合，内外融合，优化临近空间技术体系化布局，持续激发临近空间产业创新与发展活力，实现临近空间市场上下游产业的合作和融合，促进综合效益与技术创新发展的良性循环，形成临近空间市场产品、技术实力、产业实力分散协调的网络式整体，驱动社会经济发展以及国防和军队建设并进。

---

① 黄志澄. 新航天——创新驱动的商业航天. 电子工业出版社，2017：25.

二是纵深推进临近空间战略优势产业持续发展。坚持以国家科技领域发展路线图和战略性新兴产业发展重点规划等为导向，明确临近空间产业发展目标，谋划临近空间产业发展策略，健全临近空间产业体系与市场体系。坚持鼓励支持和规范有序发展并行，鼓励临近空间市场创业文化和创新精神，以高效的信息交换推动军民共研、共享、共用，形成市场与科技、军事相互促进的规范有序格局。打通临近空间创新链、产品链、价值链，强化产业链上下游衔接互动。坚持政策引导和依法管理并举，把开发临近空间资源与维护临近空间安全、维护空天安全、维和信息网络安全统一起来，努力打造空、天、临、网一体化的安全与发展体系，强化技术与竞争优势。突出国家安全与发展利益，在保障国家安全和公共安全的前提下，积极与世界主要经济体临近空间相关产业发展重点领域对接，加速多领域技术创新与技术融合，推动企业强强联合、协同攻关，不断提升临近空间产业发展创新力和国际竞争力。

五、坚持内外互动，以构建人类命运共同体理念助力战略拓展

科技创新成果不应该被封锁起来，不应该成为只为少数人牟利的工具。只有坚持开放合作才能获得更多发展机遇和更大发展空间，自我封闭只会失去世界，最终也会失去自己。[①]

尽管在临近空间有竞争博弈，然而更需要合作交流。以规则为基础前瞻加强临近空间安全治理，是实现临近空间和平稳定发展的必要前提。2017 年 1 月 18 日，习近平总书记在联合国日内瓦总部提出"构建人类命运共同体，实现共赢共享"的中国方案，并特别指出，要秉持和平、主权、普惠、共治原则，把深海、极地、外空、互联网等领域打造成各方合作的新疆域，而不是相互博弈的竞技场。2018 年 5 月 28 日，习近平总书记在两院院士大会上指出，

---

① 习近平在 2018 年 APEC 工商领导人峰会上的主旨演讲. 2018 年 11 月 17 日.

科学技术是世界性的、时代性的，发展科学技术必须具有全球视野。自主创新是开放环境下的创新，绝不能关起门来搞，而是要聚四海之气、借八方之力。一个国家科技的发展得益于开放，得益于世界科技革命，反过来，一个国家的发展进步也有力地推动了世界和平与发展。在新时代背景下，继续扩大开放，加强国际科技交流与合作，仍然是科技发展实现跃升的重要途径。① 特别是对于航天领域，因工程浩大，对任何一个国家的政府都会带来沉重的压力，国际合作也就成为了一个特定时代下的必然选择。探索浩瀚宇宙是全人类的共同梦想。中国航天积极推动国际合作，同多个国家和国际组织开展了富有成效的合作。②

《左传》云："任而不武，无能达也！"欲坚持和平发展道路，引领临近空间合作共赢全球治理新理念"软力量"的建设，离不开上述临近空间"硬力量"的强力支撑。同时，应该明白，临近空间的国际竞争与合作，是政治、经济、科技、外交、军事等共同作用和权衡的结果。因此，需要坚持以和平合作与良性竞争为轴，综合施策，在临近空间战略、技术、装备、产业、军事力量、国际合作与规则等方面，塑造有利国际战略态势并兼善天下，为构建空天一体人类命运共同体贡献智慧和力量。尽管鉴于国际政治问题，空天国际合作一直面临着非常严峻的形势③，但仍需要在掌握核心能力的同时，积极营造汇聚全球高精尖力量共同发展的良好氛围，在临近空间这一新领域，以经略天下的气势和长远的全球战略眼光，坚持互信互利、开放创新，用开放迎接挑战、力避风险，既是弥补开发利用临近空间短板、增强临近空间力量的有效手段，更是维护临近空间以及空天网等相关领域安全与发展利益的长久之计，是与临近空间"硬力量"崛起配套的"软力量""巧力量"。

一是因势利导力争成为临近空间新赛场建设及规则制定的主导

① 黄庆桥．科技重塑中国．学习时报，2018年6月6日．
② 习近平在会见探月工程嫦娥四号任务参研参试人员代表时的讲话．2019年2月20日．
③ 国家航天局李国平作"中国航天未来发展展望"报告．航天新观察，2018年9月19日，第66期．

者。加强对临近空间国际国内立法方面的研究和宣传，重点深入研究临近空间疆界和主权、资源开发利用、对他国主权侵犯的界定等法律原则，确立经略临近空间的法理基础。根据相关国际法规以及战争法等，积极倡导和参与推动临近空间国际条约制定，联合有关国家共同提出合理可行的法律建议、提案等，对对手形成有力制约。积极把临近空间技术创新、力量发展优势转化为规则与制度制定优势，争取成为临近空间"新赛场"建设及规则制定的主导者，走出一条国际合作的新路子。

二是以和平合作与良性竞争为轴增强临近空间国际合作优势。从国家战略高度出发，以全球眼光，全面放开视野，全方位深化国际临近空间科技交流合作，在更高起点、更大舞台上推进临近空间自主创新，主动布局和积极利用国际创新资源，努力构建合作共赢的伙伴关系。有选择地采取多种合作与交流模式，积极搭建与俄罗斯、欧盟、加拿大以及美国、日本、印度等临近空间的国际合作与交流平台，趋利避害，在推动临近空间领域文化、经济、产业、技术、人才等国际交流与合作方面创造更多契合点、增长点，在学习中创造，在创造中超越。积极从技术标准入手获取技术话语权，前瞻谋划临近空间平台、系统、载荷等国际标准制定，为跨越技术壁垒、增强合作主导优势创造条件。

三是前瞻预防与约束引导相结合推动建立权责共担的国际临近空间危机管控机制。树立互信、互利、平等、协作的新安全观，适应规则与引领规则并行，积极承担维护临近空间安全和促进共同发展的国际责任。坚持构建人类命运共同体理念，前瞻预防与约束引导相结合，竞争对话与合作共赢相平衡，积极推动建立权责共担的国际临近空间安全危机管控机制。推动联合国在国际临近空间竞争与合作中的作用提升，适时提出设立临近空间核心安全区、公共安全区，对国际上临近空间不安全因素形成有力制约。在引领临近空间全球治理的同时，要力避陷入"威尔逊陷阱"①，既实现自身发展目标，又惠及其他更多国家和人民，推动全球范围平衡发展。

六、调动和发掘国家潜力，强化临近空间战略保障

临近空间是战略必争必保领域。经略临近空间，必须调动和发掘国家潜力，在政策、法律、经费等方面不断强化战略保障。

一是加强临近空间政策与法律保障。国家的政策对于临近空间力量发展特别是颠覆性技术创新具有重大的催生作用。临近空间力量发展与应用离不开完善的立法提供支撑。因此，急需按照系统完备、衔接配套、有效激励的要求，创新完善临近空间安全与发展政策、制度与法律体系，辅以正确的舆论引导，为临近空间颠覆性技术发展、力量体系建设、军民深度融合等提供政策和措施保障。积极开展临近空间法律制度前瞻性研究，制定并对外公布临近空间安全与发展战略白皮书，明晰临近空间核心利益。加强临近空间国内法建设与国际法律规范研究制定的衔接。

二是打造临近空间高级专家智库团队。建立国家临近空间安全与发展智库体系。加强临近空间领域深层次战略性问题研究，基于提出正确的问题形成正确的判断甚至给出详细的、可以依此行事的"答案"②，为深远经略临近空间、打赢未来战争、促进经济社会发展提供智力支持。加强临近空间竞争力评估、风险评估、效能评估以及成本效益研究，对临近空间安全与发展风险早研判、有预案，构建临近空间重大安全问题防范与危机管控预案库，知己知彼，以己之长攻其之短，实现主动应对和高效管控危机。

三是加大临近空间经费保障力度。完善临近空间经费保障体制，

①　"威尔逊陷阱"，出自威尔逊总统希望美国能够在一战之后发挥领导性作用，但他提出的一些理念超出了当时国际社会的接受程度和美国国内社会能接受的程度，因而遭到了失败.

②　"兰德计划"遵循的战略分析路径，即是基于提出正确的问题而形成正确的判断，是赢得竞争优势及帮助美国领导人更好地进行战略选择的关键.

加大对临近空间规划制定、重大项目、工程等所需经费的保障力度，形成稳定的国家资金支持渠道。各行业、各部门按规定加大对涉临近空间的资金投入。拓展军民融合发展投融资渠道，适当利用政策性、开放性金融及社会资金参与部分项目和工程。牢固树立成本控制理念，提高临近空间经费保障管理水平和使用效益。

附件一 美国不断增强太空战略优势

1957 年苏联发射人类第一颗人造卫星，拉开了美国与苏联太空竞赛的序幕。1958 年，美国时任总统艾森豪威尔随即发布了美国第一份国家太空战略。这份 60 年前发布的战略雄心勃勃而且影响至今。半个多世纪以来，美国一直视太空战略优势为其核心竞争力，每一任美国总统都要在其任期之内发布美国国家太空战略，来阐述其战略目标、战略体系与举措。也正是在多份国家太空战略的持续引领下，美国太空战略目标日益明确、战略支撑体系日益完善、战略举措日益有力，为其不断增强太空战略优势、谋求太空绝对优势提供了强力支撑。

一、太空战略目标日益明确

目前，美国太空战略目标主要体现在保持太空优势、形成有效的太空威慑与攻防能力，从而为其保持太空绝对领先创造条件和保驾护航。其中，保持太空优势是宗旨，形成有效的太空威慑是关键，具备有效的太空攻防能力是重点和保底手段。

一是旨在保持太空优势。如上所述，鉴于太空的重大战略价值，美国始终以形成太空优势、维持太空霸权为国家重要战略目标。例如，2010 年 6 月奥巴马政府发布的《美国国家太空政策》① 提出，由美国确保对太空的和平利用，以维护太空稳定的名义保持霸权。近年来，美国"重返亚太"战略、"第三次抵消战略"等，均凸显了太空

---

① United Stated of America, "National Space Policy of the United Stated" http：//www. Whitehouse. gov/sites/default/files/national_ space_ policy_ 6 - 28 - 10. pdf, 2010 - 06 - 28.

这一关键战略领域优势对美国参与国际战略竞争的重要性。2012年1月，"重返亚太"战略提出，以对抗战略竞争对手为目标的太空军事系统建设，成为贯彻这一战略的重要支撑。2014年11月，"第三次抵消战略"将太空领域的安全列为未来作战行动的四大挑战之一，提出需要有超越战略竞争对手的"杀手锏"。2015年1月，为提升反"反介入/区域拒止"能力，美国将以太空军事系统对抗开局的"空海一体战"概念更名为"全球公域介入与机动联合"概念，特别凸显了其继续增强太空战略优势的决心。2015年2月，奥巴马政府颁布的《2015年国家安全战略》明确提出，采取集体行动，阻止并击败攻击其太空系统的活动，确保美国安全利用太空。2016年4月，时任美国国防部副部长鲍勃·沃克在第32届太空研讨会上，首次重点讲述了美国为保持太空优势专门实施太空领域"抵消战略"的具体举措。

特朗普政府上台后，对太空领域更加重视。例如，除了要求研究2033年探索火星的可行性，还下令重建已搁置25年的美国"国家太空委员会"。2017年10月26日，特朗普的太空政策顾问罗伯特·沃克在描述太空政策关键内容时指出，美国将确保在太空领域中的领导地位，并提出了发展小卫星、高超声速技术等方面的军事应用目标。2017年12月11日，美国总统特朗普签署第一份太空政策指令，宣布美国宇航员将重返月球并最终前往火星。2018年3月23日特朗普政府《国家太空战略》开篇就指出发展太空探索事业的三大用途：推动新兴产业发展、催生新的尖端技术、军事科技保障国家安全。该战略文件与美国涵盖甚广的国家安全政策等文件相互配合，其目的就是一切以美国的利益为优先。同时，这也表明美国的太空探索开始从"为人类拓展认知范围"的目标转变成"为美国的国家竞争力服务"。

二是意在太空威慑。威慑一直是美国军事战略的核心，为美国谋取并维持世界霸权地位发挥了极其重要的作用。当前，美国官方和一些智库常常宣称，由于许多国家加快了太空探索步伐，一些国家积极发展太空能力，尤其是进行多次反卫星试验和高超声速飞行试验等，在美国国家安全对太空系统的依赖性继续加强的情况下，其太空资产因暴露性和脆弱性面临的风险和威胁日益严峻，并非常明确地指出，目前美国正面临来自战略竞争对手的日益严峻的挑战和威胁。为此，美国太空战略目标意在通过太空威慑，使对手不敢对其太空相关系统进行任何形式的干扰或攻击，从而来应对面临的挑战和威胁，维护其太空安全和霸权地位。

例如，美国 2010 年版《国家太空政策》提出，实施太空威慑，确保美国太空资产安全，从"控制太空"转为"领导太空"，在倡导和建立国际太空机制的同时保证美国的特殊权利。在 2011 年 1 月由美国国防部和国家情报局联合发布的《国家安全太空战略》中[①]，将威慑列为实现美国太空安全目标的五大途径之一，明确提出"防止和威慑对支持美国国家安全的太空基础设施的侵犯"。因为美国政府清楚，在"根据国际法为和平目的和造福全人类开发和使用太空"的大环境下，只要太空安全，美国就拥有"太空优势"和"全面军事优势"。

特朗普政府更是认为，只要"坐稳"太空领导地位，拥有太空军事能力，战略竞争对手就不敢轻易地发动对美国的太空攻击或干扰。这就是所谓的建立在完善防御体系下的全面威慑。美国的太空威慑主要包括四个层次：[②] 一是构建行为准则，划定安全"红线"，建立沟通渠道，明确传达意图；二是构建太空军事同盟，分散太空能力，捆绑政治、经济利益，增加对手顾虑；三是提升体系弹性，增加攻击难度，降低攻击效果，影响对手效费比计算；四是实施政治、外交、经济和军事等多维惩罚措施，吓阻对手。

三是重在太空攻防。太空威慑的目的是利用太空优势对对手形成威慑，同时防止本国太空系统及基础设施遭到攻击。成功的威慑须有实力和决心作保障，尤其是要有实施威慑的攻防能力。[③] 同样，美国太空战略的重点也在太空攻防。奥巴马政府时期曾宣示，在威慑失败

①　Department of Defense, Information Community of United States of America, "National Security Space Strategy", http：//www. defense. gov/ home/features/2011/0111_ nsss/docs/ NationalSecuritySpaceStrategyUnclassifiedSummary_ Jan_ 2011. pdf.

②　方勇. 美国的太空安全战略走向. 太空探索，2018 年 5 月：49 – 51.

③　[美] 托马斯·谢林：《军备及其影响》，毛瑞鹏译，上海人民出版社，2009.

后将使用武力自卫。美国《国家太空政策》和《国家安全太空战略》等文件已多次提到这个措施。太空攻防包括两个层面的意思：一是发展太空防御能力，形成有效威慑；二是"矛"与"盾"的关系，防御能力在某种意义上与进攻能力是可划等号的，即发展太空进攻能力，重在"防"。

2013 年 8 月，美国空军航天司令部发布的《弹性与分散式太空系统体系结构》白皮书提出，为了应对潜在对手太空控制手段的威胁，以结构分离、功能分解、多轨道分散等多种方式，将现有的卫星星座和太空系统体系结构改造成具有"弹性"的"分散式太空系统结构"，也是增强太空防御能力的一种战略举措。2014 年 5 月，美国国防部组织完成《太空战略投资组合评估》报告，基于对来自战略竞争对手太空威胁的认识，提出实现太空安全发展的多种思路和措施，尤其是建议加强太空态势感知能力和太空控制能力。2015 年 4 月，在第 31 届太空研讨会上，美国将太空防御、任务保证、太空态势感知 3 个重点领域进行调整，以防止冲突扩展至太空，增强太空防御能力。2016 年 1 月，美国智库"新美国安全中心"发布《从圣地到战场：美国太空防御与威慑战略构想》报告[①]，研究了美国太空体系架构所面临的日益增长的挑战，提出以"有限太空战"为主要内容的太空防御与威慑战略新构想。

近年来，美国正在重点开发"间谍卫星之王"项目"监视卫星的卫星"项目"太空篱笆"系统等太空态势感知能力，"僵尸"卫星计划、反卫星激光武器、导弹反卫星等太空控制能力，以及 HTV - 2、X - 51A、"弧光"远程高超声速导弹、XS - 1、X - 37B 等全球快速打击能力，可谓"多管齐下"增强太空威慑与防御能力。特朗普政府《国家太空战略》提出，太空已变成了战场，从而进一步要求，增强太空能力的安全性、稳定性、可持续性。因为只有这样才能对对手产生持续有效的压制力量和威慑力量。同时，该战略也强调，任何对美国在太空的核心利益构成威胁或者伤害的，都将遭到美国在选定的时

---

① 美国新美国安全中心. 从圣地到战场：美国太空防御与威慑战略构想. 2016.

间、选定的地点、对选定的领域、以选定的方式进行的有力回击。美国国防部 2018 年 2 月发布的《核态势评估报告》甚至提出，为应对战略竞争对手对美国太空系统和网络基础设施攻击等极端情况，美国将可能采用核手段予以回应。可见，为了维护太空安全和其霸权，美国将"不择手段"。这也反映了太空系统安全稳定运行关乎一个国家兴衰的重要性。

二、太空战略支撑体系日益完善

美国太空优势的形成与其日益完善的太空战略支撑体系紧密相关。美国国家安全战略和军事战略是制定太空战略的指导方针，太空战略服务于国家太空政策，又受制于国家太空政策。美国太空战略分为太空安全战略和太空探索战略，太空安全战略又包括太空威慑战略和太空合作战略。特朗普政府《国家太空战略》强调，在国家安全领域、商业领域和民用航天产业之间构建动态的和可合作的相互关系，以形成日益完善的太空战略支撑体系。长期以来，美国太空战略支撑体系主要由以下三个层面组成。

一是由国家层面引领。自 20 世纪 50 年代第一颗人造卫星进入太空始，太空就成为有实力、有技术国家竞争的重要场所，安全就与太空密不可分。太空战略也就成为美国国家安全战略的重要组成部分。通过艾森豪威尔时期的"新边疆"、肯尼迪时期的"领导"太空、约翰逊时期的不要"共产主义的月亮"、尼克松时期的"适当的位置"、福特时期的提高航空系统"存活性"和"能力"、卡特时期的《第37号总统令》《第42号总统令》等太空战略①，美国在与苏联的太空竞赛中获得优势地位，以太空侦察能力为核心的太空军事能力也得到大幅提升。里根时期的"星球大战"、老布什时期的"开发"太空、克林顿时期的"保持和复兴美国的太空运输能力"、小布什时期的借太空系统加强军事与安全、奥巴马政府"以稳保霸、以合保稳"的太空

---

① 夏立平．美国太空战略与中美太空博弈．世界知识出版社，2015．

战略，尤其是美国太空战略在促使苏联解体中发挥的重要作用，美国太空力量在海湾战争、科索沃战争、阿富汗战争、伊拉克战争中的广泛运用，以及美国反卫星武器、战略防御和导弹防御体系等的快速发展，均给人们留下了深刻印象。

综合分析2017年12月18日特朗普政府发布其任内首份《国家安全战略》以及2010年美国《国家太空政策》、2015年美国《国家安全战略》等可以看出，美国国家太空政策的根本性目标包括：加强太空安全与稳定；保持美国的太空领导地位和优势，保持全球领先；在美国主导下有限度有范围地开展国际太空合作；通过太空发展计划产生"蝴蝶效应"，带动其他领域的发展。正是在国家层面的战略引领下，美国太空安全战略在强调"全球领导地位"的同时，突出其"美国第一"的战略思想，持续通过提升太空为优先领域、重建国家航天委员会、制定美国航天发展战略、整合各航天部门活动、加强太空能力以及提出太空部队独立成军等战略举措，维持美国在太空的领导力和行动自由。

二是由军队层面落实。美国国防部、空军等具体负责制定太空安全战略等，落实美国国家太空政策。除《国家安全太空战略》外，2012年11月，美国国防部曾出台新版《太空政策指令》，明确了国防部在太空力量发展和确保太空安全方面应担负的职责，特别是反映了美军事航天战略以及军方如何有效解决21世纪及未来的太空环境安全、太空防务安全、太空稳定及太空可持续发展等问题的新思路。《美国空军太空司令部司令官战略指南2012—2014》曾提出，要确保美国在全球范围的控制力，必须制定严格的太空力量发展计划并长期地贯彻执行。2013年5月，美国参联会发布新版《太空作战》条令，主要用于指导陆海空三军等运用太空力量夺取作战优势，确保美国的太空安全。2015年6月，美国国防部宣布设立"太空战中心"，以应对战略竞争对手的太空威胁。此外，国防部还设有国家安全局、国家侦察办公室、国防情报局、MDA、DARPA等多个与太空相关的职能部门。综合分析特朗普政府发布的《国家安全战略》和《国防战略》，可以看出美军在强化太空威慑、维持太空安全与稳定的同时，正在积极为太空战作准备，发展实战化太空作战能力，谋求太空绝对优势。如特朗普政府《国防战略》首次正式提出"太空是一个作战域"。

正是基于对太空是一作战域的长期认识，包括空军在内，美国每一个军种都有相应的太空职责。美国空军中的太空作战力量，是美军太空力量的主体。作为空军的一种核心能力，美国空军实施太空作战是为了获取太空优势。包括两种类型，一种是航空航天作战中心、一种是航天联队。且以空军航天司令部下属的第14航空队所属的第21、30、45、50、460航天联队和第24航空队所属的第624航空航天作战中心为主。有的学者也常把隶属空军全球打击司令部的第20航空队下辖的第90、91、341弹道导弹联队归属于航天联队。此外，美军太空联合作战体系还包括一些其他战斗支援力量。国防信息系统局、国家地理空间情报局、国家侦察局、国家地面情报中心等机构都会在战时为美军提供信息支援。必要时，美军还可以获得美国航空和航天局、国家海洋和大气管理局等非国防部机构的支援。

第14航空队，总部位于加利福尼亚州的范登堡空军基地，主要负责导弹预警、太空监视、太空攻防、航天发射、卫星指挥与控制等行动的计划与实施。其中，第21航天联队，总部位于科罗拉多州彼得森空军基地，是美国空军规模最大、驻扎地域分布最广的联队之一，下辖第21作战大队、第21医疗大队、第821空军基地大队和第21、721任务支援大队，主要负责导弹预警、太空监视和太空攻防行动。第30航天联队，总部设在加利福尼亚州的范登堡空军基地，下辖第30发射大队、第30作战大队和第30任务支援大队，主要负责陆基中段防御系统试验靶弹的发射与跟踪测量，以及美国西海岸的全部航天发射任务。第45航天联队，总部设在佛罗里达州的帕特里克空军基地，下辖第45发射大队、第45作战大队和第45任务支援大队、第45医疗大队，主要负责卡纳维拉尔角空军基地（东海岸）的航天发射活动。第50航天联队，总部设在科罗拉多州的施里弗空军基地，下辖第50作战大队、第50网络作战大队和第50任务支援大队，主要负责卫星发射监控及发射后的轨道调整、维护与管理。第

460 航天联队，总部设在科罗拉多州的巴克利空军基地，下辖第 460 作战大队和第 460 任务支援大队、第 460 医疗大队，主要负责美军天基导弹预警系统的运行，为作战司令部提供全球导弹预警情报。第 10 航空队的第 310 航天联队，驻德克萨斯州道伦夫空军基地，执行太空作战任务。310 作战大队负责卫星发射、早期入轨和在轨操作的跟踪、遥测和指挥。

2017 年，第 50 太空作战大队下属的第 1、2、3、4 太空作战中队参与了"太空军旗"演习。在演习中，第 50 太空作战大队负责 60 余颗卫星的指挥控制，以及发射执行和早期轨道任务。比如，第 1 中队负责 SBSS、ATRR、战术星－3、ORS－1 卫星的管控；第 2 中队负责 GPS 卫星的管控；第 3 中队负责国防卫星通信系统、宽带全球卫星通信系统的管控；第 4 中队负责受防护的军事星、先进极高频通信卫星的管控。第 460 作战大队也参与了"太空军旗"演习，负责天基导弹预警、导弹防御、技术情报、卫星指挥控制等。

陆军太空作战力量由陆军太空与导弹防御司令部统一管理和控制，主要职责是：支援战略司令部的全球打击、导弹防御、信息作战、C^{4}ISR 和太空作战等任务；计划、整合、控制、协调陆军太空军事力量资源和能力，实施太空军事行动；从陆军角度提出有关太空作战和陆基中段防御系统的建议，整合陆军在全球弹道导弹防御体系中的行动；承担与任务有关的研发、试验和采购工作。海军太空作战力量，连同网络空间作战力量一起，由舰队网络空间司令部/第 10 舰队统一管辖，只负责本军种内部事务，主要是维护海军自身卫星系统的正常运转；为海上部队制定太空能力运用计划，并提供相关太空产品；运用太空系统为海上部队提供态势感知支持；与有关人员协同评估海上作战行动，确保将海上部队的太空能力需求落实为具体行动。

进入 21 世纪，美国陆军和海军陆战队将关注点从非正规战再次转向大国冲突、高端战争，提出要重点应对日益突出的"反介入/区域拒止"威胁。在这一背景下，2016 年 10 月，美国陆军提出"多域战"概念。2017 年 2 月和 12 月，美国陆军和海军陆战队联合发布了《多域战：21 世纪合成兵种》白皮书和《多域战：21 世纪的合成部队变革》两份指导文件，阐述了多域战的背景、必要性和具体落实方案，制订了多域战的战场框架。2016 年 11 月出台的新版第 3 - 0 号"陆军条令参考出版物"《统一陆上作战》中正式提出"多域战"概念，强调将陆军作战行动由传统的陆、空领域拓展到海、天、网、电等其他领域，通过对不同作战力量的灵活编组，密切协同制定作战计划，同步实施作战行动，对敌实施多重打击，以获取联合作战优势。

跨域联合、多域作战最集中体现在对火力的运用上。美军要求，未来地面部队不仅要能在陆战场上起决定性作用，还要能拦截导弹、击沉敌方军舰、压制敌方卫星、攻击敌方指挥与控制系统。尤其是在"反介入/区域拒止"环境下作战，当空军、海军支援被阻断，地面部队难以像过去"两场战争"那样获得其他军种支撑的情况下，要能具备独立遂行多种任务的能力。因此，美国陆军很希望未来战场能够有这样的表现，即通过陆军自己的战术卫星，让每一个联队甚至一个班具备调动侦察卫星的能力，对感兴趣的区域进行天基侦察，并通过战术通信卫星与后方基地联系，方便指挥作战，满足对太空情报获取时效性、便捷性等方面的要求。

虽然美国陆军目前拥有的太空装备很少，但对太空装备的依赖程度很高，据美国《航天新闻》网站刊文指出，美国陆军 70% 的武器装备需要卫星的支持。因此美国总统特朗普宣布组建独立天军的举动对其仍有较大影响。美国陆军是美国军队中太空系统最大的使用者，从太空中获得大量的信息支援，包括通信、情报、导航和气象等。但自身拥有的卫星很少，1960 年 10 月 4 日发射了 Courier 1B 卫星之后很长时间都没有发射卫星，直到进入 21 世纪初期才发射一些小卫星，重返太空。自 2017 年以来，美国陆军已经发射了 10 余颗小卫星，太空能力正逐渐增强。对于美国陆军而言，2017 年成功部署"茶隼眼" 2M 低成本战术侦察卫星一事，是值得载入太空能力发展史册的事件，标志着陆军增强太空能力迈出了重要的一步。这颗仅 50 千克重的光学侦察卫星能由战场上的士兵直接操控，使他们获得实时情报（数分钟内获得 1.5 米分辨率卫星图像）。若一切顺利，它有望成为小卫星在军事任务中得到更广泛应用的催化剂。除了侦察卫星，美国陆军还启动了多个低轨道卫星通信项目，通过卫星组网，满足士兵在偏远山区、雨林等多遮挡地区的通信能力。

三是由商用层面支撑。太空战略需强大的太空实力，太空实力的增强离不开太空项目。奥巴马政府曾明确提出加强美国航天企业在国家太空活动中的参与程度，并拟与国际航天企业建立伙伴关系。美国发展民用太空能力从来都是与发展太空军事能力紧密联系的。美国NASA负责民用航天科技、载人航天、航空航天研究项目等。2014年6月，NASA发布《2014年战略规划》，为NASA的活动指明了清晰、统一和长期的方向，明确了三大战略目标。2015年5月，NASA公布《航天技术路线图》，明晰了未来20年空间技术发展思路、所需的任务能力和技术发展需求。2016年5月，继美国私营企业"太空探索技术公司"（SpaceX）第三次成功回收"猎鹰9号"一级火箭之后，美国空军公布了可重复使用200次的高超音速试验平台HyRAX项目的详细需求。至此，"美国空军 + NASA + SpaceX"，开创了美国太空探索和太空安全的新模式。此外，兰德公司、战略与国际研究中心、乔治·马歇尔研究所、艾森豪威尔太空与安全防务中心等重要智库，都对美国的太空战略开展研究并提供支撑。如2010年7月，兰德公司发布《太空威慑和先发制人》报告，明确提出美国需要构建国家太空威慑战略。2016年1月《从圣地到战场：美国太空防御与威慑战略构想》研究报告，提出系统并具有较高可操作性的"有限太空战"构想，与《太空威慑和先发制人》中曾经提到的"建立规则并通过惩罚性威胁和降低对手攻击效果来维护规则的设想"如出一辙。特朗普政府《国家安全战略》进一步提出，促进商业航天，简化并更新商业航天活动管理规则，以增强太空优势战略竞争力。

三、太空战略举措日益有力

伴随着美国太空战略的调整转型，全方位提高太空装备体系弹性、改变太空资产作战管理和指挥控制架构、充分发挥商业部门在太空领域的技术创新能力、进一步强化太空联盟行动，逐渐成为其贯彻落实太空战略的重要举措。特朗普政府《国家太空战略》强调，太空领域的和平是通过在太空领域的实力来保障的，国家太空战略应确保以下两个至关重要的权利：无阻碍地进入太空的权利，无约束地在太空自由航行的权利。

一是优化太空作战架构与力量。伴随太空战略和政策的调整转型，美军非常重视优化太空作战架构。美军联合参谋部、空军、海军和陆军都有以太空支援作战为主题的军事演习。2001 年，美国空军太空司令部开始主导的"施里弗"太空战军事演习，迄今已举办 10 余次。2015 年，美国国防部与情报界成立的联合跨机构联盟太空作战中心①，旨在负责整合卫星侦察数据、强化太空侦察能力，监控美军卫星运行情况，防范潜在对手攻击其太空资产。此外，太空力量是有效行使太空控制权的保障。近年来，美国不断优化提高四大能力：第一是通过取得新一代火箭研制与可重复运载技术突破性进展，提高进入太空的能力；第二是通过军用卫星加速部署和升级换代，加强多样化利用太空的能力；第三是保持太空态势感知能力快速发展，进一步提高太空监视能力；第四是通过太空对抗技术与装备的快速发展，提高太空对抗能力。在特朗普政府《国家安全战略》中也提出，要重建一支全谱作战军队，锤炼在不能取得绝对主导权的空中、海上、陆地、太空与网络空间等各域作战能力。特朗普政府《国防战略》提出，太空作战能力是其"全球作战模式"基本能力之一，国防部将把资金优先用于恢复重建和确保太空任务执行能力的项目上，备战太空已是美军付之实施的事实。2018 年底前后，美国防部组建一级职能司令部——太空司令部、创建隶属于空军的太空军、设立太空发展局等，均是其备战太空的重大举措。

二是提高太空装备弹性。2012 年，美国首次提出太空装备分散式体系结构战略，即将以往由单个大型卫星系统完成的任务，分散到多个平台或多个系统共同完成，从而降低风险，提高太空系统的可恢复性、经济性与安全性。若在小型化领域发展出分解式、分布式的航天

---

① 联合跨机构联盟太空作战中心（JICSpOC）已更名为国家太空防御中心（NSDC）.

装备体系及补网手段，则将革命性地提升美军航天装备体系的抗毁性，大幅削弱甚至完全抵消对手反卫星作战的效果。为此，2013 年 8 月，美国空军太空司令部发布《弹性与分散式太空系统体系结构》白皮书，系统阐述了美军对空间系统弹性和分散式空间系统体系结构的认识和思考。2014 年 1 月初到 12 月底，美国行星实验室公司分 4 次共发射 95 颗"星群"系列光学成像对地观测微纳卫星，即是美国太空装备分散式体系结构战略实施、提高太空装备弹性的典型案例。然而，2015 年 4 月，美国空军负责采办的助理副部长鲍利考斯基中将在第 31 届空间年会上表示，随着对不断变化的太空环境认识的逐步深入，分散式体系结构不再是美军太空系统未来发展的唯一方向，"多样化"将成为未来太空战略的主要特点，这一变化值得继续关注。2018 年 2 月美国新版《国防战略》提出，将"弹性、重构和作战能力"作为太空能力发展的重点。可见，针对未来严峻复杂的太空对抗环境，美国正在以弹性太空体系架构为重点，持续谋划太空技术与装备发展。

三是积极备战太空。[①] 根据美军战争实践及相关条令论述，太空作战是以太空作战力量为主体，以太空为主要战场，为有效地控制和利用太空、充分发挥太空作战力量的效能而采取的各类军事行动。太空作战的根本目的是夺取和保持太空优势，主要任务包括：摧毁、破坏或削弱敌方太空作战力量体系，保持己方太空作战力量的安全，为己方部队提供可靠的太空支援和保障。按照《2009 财年国防授权法案》，美国国防部长和国家情报总监联合组织开展太空态势评估，拟制国家安全太空战略目标和战略途径，最终在 2011 年出台《国家安全太空战略》，该文件首次正式将太空安全环境描述为"拥挤、竞争和对抗"。2014 年，美国国家安全委员会领导开展了"太空战略投资组合评审"，结果虽未公布，但直接导致了太空力量态势、发展计划和预算的大幅调整，以武力应对太空威胁的"主导和控制"基调再现，表明美军对太空战争"不可以避免"的认识开始抬头。随后，美

---

① 丰松江. 美国备战太空的新动向. 世界知识，2019 年第 4 期.

国空军极力渲染"太空是作战域"这一认识。2016 年 6 月，空军太空司令部白皮书《太空任务部队》提出要在当前对抗激烈、能力降级和作战受限的环境中挫败威胁、赢得胜利。2017 年第 33 届太空年会上，美国空军太空司令部司令雷蒙德重申，当前已经是军事太空的高阶阶段，太空是与陆、海、空、网并行的联合作战域，新阶段太空环境的特征是对抗激烈、能力降级和作战受限。从"拥挤、竞争、对抗"到"作战域"，其中不乏美国空军刻意炒作以强化自身重要性的可能，但也表明美国对于太空安全环境认识的变化，以及由此产生的巨大忧虑。

为加强联合太空作战指挥控制体系的建设，美军不断在联合作战层面上制定和完善太空作战条令，积极将太空作战与其他军事行动整合。早在 1998 年，美国空军就发布了《太空作战》条令，系统阐述了联合太空作战行动的基本原则、指挥关系、计划制定、部署实施等内容。2000 年，美军参联会公布了首部联合太空作战条令——《太空作战战术、技术和程序联合条令》，标志着太空作战正式成为美军联合作战的组成部分。2002 年，颁布了联合出版物 JP3 - 14《太空作战》，并定期进行修订。2004 年又颁布了《太空对抗作战》条令，从指挥控制、计划实施、装备运用等方面，阐述了太空对抗的具体样式，为确保太空优势提供了作战指南。2009 年，美参联会发布了《太空作战》条令，明确了军事航天在联合作战中的作用、太空任务领域、太空力量指挥与控制、太空力量各部门角色和职责，以及太空军事行动规划。在此基础上，2013 年又发布新版《太空作战》条令，作为实施太空作战的最新理论依据。这一版条令，首次在作战指导中引入太空威慑理论，将太空威慑作为太空作战的基本原则之一。条令还明确将国防部太空系统，以及政府情报机构、民用商用、盟友太空系统全部纳入其太空力量体系。条令还规定了各级联合作战司令部对太空系统的组织指挥职能，为不同层级设计了多种指挥协调关系。重新修订的《太空作战》规定了太空作战的六大任务领域，阐述了拟制太空作战计划的程序方法。2017 年 4 月，美军《太空作战架构》进一步指出，太空已成为作战域，太空力量必须面向对抗环境转变为作战部队。2018年4月，美军参联会颁布新版《太空作战》，首次确立"太空联合作战区域"概念，推动太空作战深度融入联合作战，具体阐述了太空作战的相关能力及联合职能，详细介绍了太空联合作战的指挥、控制、计划和评估，集中体现了特朗普政府备战太空的新动向。日益成熟的太空作战理论标志着美军太空力量的日趋壮大，严密的指挥控制结构势必对美国太空行动产生积极影响。这些作战条令的制定，为美太空作战行动实施提供了指南。

为充分理解、验证和完善太空作战条令和规则，从2001年至2018年，美先后进行了12次"施里弗"太空作战模拟演习。"施里弗－2001"，以台海冲突为背景，以中国为假想敌，演练对中国的太空威慑和太空力量打击等。"施里弗－2003"，以东南亚和南亚地区冲突及可能存在的恐怖主义危机为背景，探索新的太空系统作战概念、法律、政策与条令。"施里弗－2005"，验证了美太空资产的安全性和可靠性，包括应对攻击和破坏、补充天基系统能力等。"施里弗－2007"，验证了美军与盟军联合部队的太空能力、战术技术，为完善太空战略和作战规则提供依据。"施里弗－2009"，首次将网络空间作战融入太空作战，首次开展太空领域联盟作战。"施里弗－2010"，验证了太空与网络空间的集成能力及对未来威慑战略的作用。"施里弗－2012"，验证了联盟太空作战概念、规则和程序，并扩大与太空私营企业部门的协作。"施里弗－2014"，验证了美太空力量体系通过系统分解、多轨运行、载体多元，提高太空系统的安全性以及太空力量的军民融合。"施里弗－2015"，验证了如何增强太空系统的生存能力，以及分析多作战域对抗背景下的太空战。"施里弗－2016"，验证了如何增强太空系统的灵活反应和生存能力，以及多领域冲突下如何确保太空安全。"施里弗－2017"，体现了《2035年美国空军作战概念》主要思想，通过空、天、网三域融合，支持全球作战行动，突出太空弹性、太空威慑和太空作战的发展。"施里弗－2018"，再一次把提高遂行一体化太空与网络作战能力作为重要目标。通过施里弗系列演习，美军强化了对太空安全、空间力量运用、太空与网络空间融合、多域战指挥等重大战略性问题的认识，不断丰富和完善其太空威慑战略、太空作战条令和太空作战概念。

2017 年 4 月，美国空军首次进行"太空军旗"训练演习，空军太空司令部赞誉其开创了历史新纪元。2017 年 8 月，美国空军进行了第二次"太空军旗"训练演习。与施里弗太空战演习最大的不同是，"太空军旗"聚焦战役和战术层面的演训，由战略层面的推演延伸到战役、战术层面的的演练，体现了美军对于太空实战化训练的重视，也反映了美军当前对太空安全环境变化的认识和巨大忧虑。比如，太空训练演习已由信息支援向太空防御作战侧重。2017 年 12 月 12 日，特朗普签署的《2018 财年国防授权法案》中，有条款要求国防部长针对太空专业人员设立年度的"太空军旗"训练项目，目的是：利用太空控制手段防护和保卫美国资产和利益、在太空能力降级或受损情况下确保太空作业、冲突拓展至太空时开展太空作战、慑止太空冲突等四项任务，制定和检验条令、作战概念和战术、技术和程序；设计适应的太空作战训练的基础设施和条件，包括专用靶场、威慑复制能力、试验团队支撑条件、太空训练需求、训练模拟器和多域力量构成等。美军通过这一系列演习，持续完善太空作战的理论与实践准备。

四是鼓励商业太空技术创新。美国《国家太空政策》认为："有活力的和有竞争力的商业化太空领域对美国在太空继续取得进展至关重要。……美国承诺鼓励和促进支持美国需求的商业化太空领域的发展。"例如，2014 年 4 月 20 日，SpaceX 公司"龙"飞船给国际空间站运送 2 吨多的货物，5 月 18 日，"龙"飞船携带近 2 吨的科学试验装置和旧设备返回地球，7 月 13 日，美国轨道科学公司成功发射"天鹅座"飞船，为空间站送去给养和实验设备。因为如前所述，美国发展民用太空能力从来是与发展太空军事能力紧密联系的。此外，美军计划采用战时租用的民用与商用太空系统服务、在商业卫星上搭载军用载荷、直接购买先进的民用或商用系统转为军用等方式，补充现有太空支援能力的不足。特朗普政府《国家太空战略》进一步强调，美国政府会在与商业部门的合作中确保美国企业在太空探索技术领域的世界领先地位。

附件二　美国抢占临近空间优势明显

为了占据临近空间这一制高点和主动权，美国一直是世界上临近空间研究和开发起步较早、领域较广、投入经费较多、成果较大的国家。进入新世纪后，美国通过太空战演习等不断加深对临近空间巨大战略价值的认识。思想决定行动，行动决定未来！尽管临近空间环境特殊，进军临近空间又涉及航空、航天、新材料等领域，技术难度很大，但美国再次发挥其高技术优势，又一次在这个关键的战略空间占领了先机。

一、经长期积累已形成优势

美国从20世纪五六十年代开始就有临近空间飞行器面世，如有人驾驶的U-2"黑寡妇"侦察机、SR-71"黑鸟"战略侦察机、无人驾驶的D-21战略侦察机、"曙光女神"高超声速侦察机等，均是当时也是迄今为止世界上投入使用的临近空间飞行器的典型代表。

其中，U-2是美国空军一种采用涡喷式航空动力的单座高空侦察机，可在21千米的临近空间高空全天候执行战略或战术照相侦察和电子侦察任务，1955年完成首飞，1956年开始装备美国空军。U-2的改进型U-2R飞机最大巡航高度可达27千米，最大航程8830千米。SR-71是一种成功突破"热障"的实用型喷气式飞机，也是一种高空高速战略侦察机，于1966年服役。其采用涡轮基组合动力发动机，最大平飞马赫数3.2（高度24千米），巡航马赫数3.0（高度21千米），能进行空中加油，续航时间长。D-21是美国在研制SR-71的同时，为降低有人机的使用风险而研制的一种一次性使用高速战略无人侦察机，实用升限29千米，最大航程达5550千米，于1969

年服役。该机由 B - 52 吊挂起飞，被 B - 52 投放后由火箭助推器加速至马赫数 3.28（高度 9 千米），之后，冲压发动机开始工作，飞机爬升至 24 ~ 25 千米，保持马赫数 3.4 做长时间侦察飞行，侦察完成后返航至回收区，将特设舱用降落伞回收，飞机自毁。"曙光女神"高超声速战略侦察机，又名"极光"，于 20 世纪 80 年代中后期研制，是 SR - 71 之后新一代战略侦察机，飞行高度 40 千米以上，飞行速度马赫数 6。尽管美国政府一再否认这种飞机的存在，但大量目击者和其他事实证明，美国进行这种秘而不宣的计划已经行之多年。据报道，当前全球的任何防空武器系统，都不是"曙光女神"的对手。①

进入 21 世纪后，美国把临近空间作为作战能力新的增长点，大力发展新型临近空间飞行器概念模型，且更加重视并一直没有停止研制多种临近空间飞行器。美军认为，临近空间是"陆、海、空、天、网、电"一体化战场的重要组成部分，是国家安全体系中的一个重要环节。为了占据临近空间这一制高点和主动权，美国陆、海、空、联合部队司令部、导弹防御局以及一些商业部门、大学和实验室，竞相对临近空间的相关技术、功能、军事应用等展开全方位探讨，多途径多层次开展大量的临近空间关键技术研究和飞行器技术与应用研究。

美军预言，临近空间的时代已经来临。在新形势下，面对新的需求，为了大规模开发临近空间，抢占这一制高点，美国更加重视临近空间顶层设计，在国家层面对临近空间飞行器的发展陆续做出了一系列统筹规划，形成了一整套包括临近空间发展路线图、国家重点计划和项目支持、技术成果军民两用转化等措施在内的研发管理体系与装备体系，积极推进临近空间战略拓展进程进入快车道。目前，美国临近空间力量建设战略规划与作战能力需求明确，正在夯实基础、探索极限、完善型谱、实战化应用等方面加强投入，以扩大竞争优势。

二、已将临近空间视为新的战场

美军计划将临近空间飞行器作为未来空天对抗的重要组成部分，

---

① "曙光女神"高超声速侦察机. https://wapbaike. baidu. com/item.

不但提出"未来的空间联合作战将是空间和临近空间武器装备的联合",更提出"未来30～50年甚至更长一段时间,战争的主要区域将是在临近空间"。早在2004年,美国国防部即把探索临近空间军事应用的任务赋予空军航天司令部。时任美国华盛顿航天政策顾问詹姆士·蒙西称,临近空间机动飞行平台的研发,使空中与太空军事作战之间的区别变得模糊。多年来,美军不断通过《美国空军2035年的核心使命》《联合作战空间报告》《美国空军规划实战高超声速武器发展路线》,成立"联合高超声速转化办公室"等,将临近空间发展列入新的作战理论和国家重大军事发展规划,并已用于实战检验。

在低速临近空间飞行器军事应用方面,美国已将其作为联合作战概念的有机组成部分。在"施里弗－3"演习中首次使用临近空间飞行器作为情报、监视和通信平台;在"快速响应空间"(ORS)发展计划中,提出由临近空间飞行器、战术星和及时响应运载器共同组成"联合作战空间"(JWS);在其导弹防御体系中使用临近空间飞行器用于早期预警等。2011年美军"施里弗－6"演习强调太空的"替代概念、能力和力量态势",提出在"临近空间"部署无人机等飞行器,以便完成间谍卫星等在被摧毁或受到干扰时"无法完成的任务"。虽然近几年美国关于临近空间浮空器的相关报道不多,但种种迹象表明,低速临近空间飞行器很可能正在成为甚至已经成为其空天一体化作战体系的重要组成部分和关键节点。例如,2006年初美国空军携载泰雷兹PRC－148电台进行远程通信中继的"战斗天星"平流层气球系统,成功通过了联合远征部队试验检验;2013年美国陆军和空军首次使用平流层飞艇引导拦截反舰巡航导弹试验取得成功。

在高速临近空间飞行器军事应用方面,美军以快速精确打击为目标,积极加快临近空间高超声速武器装备研制步伐。2001年,美国NASA和国防部联合提出"国家航空航天倡议"(NAI),首次明确高超声速平台能够实现重复使用、远程打击。美军"猎鹰计划"作为"快速全球打击"(PGS)战略计划的重要组成部分,即包括临近空间助推－滑翔式导弹与高超声速巡航导弹。经过多年深耕,2014年11月,美国空军公布的《高超声速飞行器发展路线图》突出强调,在高对抗环境下对敌目标的情报侦察、快速精确打击及可重复使用的经济性。该路线图明确提出，2020 年前后研制出高超声速导弹，演示验证防区外快速打击能力；可回收的高超声速无人平台将继 2025 年前后高超声速武器具备军事作战能力之后投入使用；到 2030 年，高超声速飞行器将达到足够的技术成熟度，用于实施战术打击和情报、监视与侦察任务，用于对高价值目标的战略侦察与纵深打击，但可重复使用次数有限，仅具备较短的寿命周期；到 2040 年，高超声速飞行器能够具备持久的可重复使用能力，执行打击和 ISR 任务。按照统一规划，美国空军与陆军、DARPA 及多个国防承包商等一直在发展高超声速精确打击武器及高超声速飞机。

2015 年 9 月，《美国空军 2035 年核心使命》的《空军未来作战概念》报告提出了 2035 年高超声速攻击作战设想，即假想 2035 年 9 月 17 日美国空军利用高超声速打击武器对敌方的一体化防空系统中的激光武器实施打击。2016 年 3 月，美国空军联合会《高超声速武器与国家安全：21 世纪的突破》报告称，高超声速打击将为美军提供打击/持久作战能力、空中优势/防御能力、快速进入太空能力，是反击对手的一种有效性高、成本低、风险低的途径，或将引发军事革命；并提出从发展路线、采办策略、关键技术、试验设施和人才培养等 5 个方面，建议全面加快推进技术研发，提前谋划技术转化应用，快速形成作战能力。报告指出高超声速武器的作战优势包括四个方面：一是提供前所未有的快速到达，可缩短"发射器到目标"的时间，并能更有效地利用情报打击目标；二是提供全球目标区域的进入，战区高超声速导弹可在不到 17 分钟内打击 1000 英里以外的目标，高超声速 ISR 系统以比卫星更快的速度，在一天内抵达目标区，并具有更高的生存能力；三是提供"第四维"作战效应，压缩敌方的决策时间，使高超声速攻击方有效地干预敌方的指挥、控制与作战管理周期，进而增强美国的指挥与控制优势；四是突破敌方防空系统，高超声速武器可使老旧的第四代战机失效，攻击严密防守地区的目标，并使武器在搜寻目标时确保自身存活。2016 年 10 月 20 日，兰德智库《高超声速武器的未来》指出，空射高超声速武器可使战机能够从防区外打击短暂驻留的机动目标，如地空导弹系统、弹道导弹和巡航导弹发射装置等，而亚声速武器则由于其飞行时间长而无法有效地打击这些目标。高超声速武器的高空高速和机动性降低了其被拦截的概率，同时增加了该武器的生存能力和有效性。同时，战场上也需要高超声速情报监视与侦察飞机以便于快速获取更多的目标信息。

2017年2月底，美国托马斯·马塞罗将军宣布，美国空军计划在2020年前后对其高超声速作战原型导弹进行试验。6月，美国雷神公司透露，美国有诸多保密的高超声速武器研发项目。7月，美国国会众议院武装力量委员会发布的2018财年国防授权法案（NDAA）第215条表明，"高超声速联合技术办公室"（JTOH）将更名为"联合高超声速转化办公室"（JHTO），以确保当前和未来高超声速技术项目能够更好地协调发展和顺利向装备转化。8月，美国空军表示，随着推进、材料和控制技术的发展以及战略竞争对手高超声速能力的日益增强，美国应当为高超声速打击、ISR任务积极规划可行的装备转化战略，面向实战化目标制定首个高超声速武器装备谱系发展路线图。美国白宫管理与预算办公室和科技政策办公室，也将"高超武器与防御"列为特朗普政府2019财年预算申请中研究与开发（R&D）领域5个优先事项之一的"美国军事优势"中的重要内容。

另据飞行国际网站2017年7月25日报道，美国空军把研制用于轰炸机和战斗机的新型高超声速打击武器的供应商选择范围缩小至5家，分别为波音、洛马、诺斯罗普格鲁门、轨道ATK和雷神。军方打算在2018财年初授予这5家中的某家公司工程、制造和研发合同，在美国空军要求时间内生产这种武器。这种高超声速常规打击武器将利用全球定位系统和惯性导航系统导航，精确打击反介入/区域拒止环境中的固定目标和移动目标，并部署已在现有战斗机和轰炸机中使用的某种弹头。此外，美国空军作战部门将在高超声速武器的研制早期介入，并采用建模仿真和兵棋推演等手段确保生成实际战斗力。

近期，特朗普政府决定增加国防预算，进一步加大对高超声速武器的投入，展开新一轮研发攻势，并将其作为"第三次抵消战略"的重要能力支撑，以使美国保持对潜在对手的优势。此外，美军联合司令部目前正在实施一个名为"阿尔法"的计划，对临近空间飞行器如何提升联合作战能力进行研究验证。2018 年 2 月 1 日起，美国国防部组织机构或将作重大调整，将全面聚焦创新驱动与管理效益，也将对其临近空间力量应用产生积极的推动作用。2018 年 5 月 7 日，美国《防务内情》网站报道称，美国国会众议院武装部队委员会在 5 月 7 日公布的《2019 财年国防授权法》立法草案中，要求美国国防部划拨资金，用于证明陆、海、空三位一体常规高超声速打击能力（即陆、海、空基高超声速助推滑翔武器）的潜在需求，并同步评估每型武器加速形成初始作战能力所需的费用。2020 年左右，美国高超声速武器系统等将形成初始作战能力，首要用于反"反介入/区域拒止（A2/AD）"环境作战。斯特拉福战略预测公司也表示，美国将于 2025 年装备第一批实用型远程高超声速导弹。需要注意的是，美国正在发展的快速打击系统，将构建从临近空间到太空的新型打击力量体系，从而改变传统战略攻防格局，有可能极大增强美国的军事冒险性。届时，快速打击系统威胁将成为现实，高超声速临近空间突防、信息火力一体化压制，将使现有防空体系面临严峻挑战。

总之，临近空间技术研发是进军临近空间的基础。美国通过《2005 ~ 2030 年无人机系统路线图》《2010 ~ 2030 年高超声速计划发展路线图》《2017 ~ 2021 财年美国空军高超声速试验能力提升计划》等，不断加大对临近空间前沿技术的投入。其低速临近空间飞行器技术研发经历了"先高调后低调实用"的过程；高超声速技术研发项目成败基本对半，目前也已将务实发展实战化高超声速武器技术提上重要日程，并在高超声速巡航和助推 - 滑翔领域均获得新的突破性进展。尤其是面对所谓战略竞争对手高超声速技术进步带来的巨大压力和紧迫感，美国"似乎"显得格外忧虑，已组建"国家队"，基于长期的技术积累，加快应用转化。

三、低速临近空间飞行器技术研发基本成熟

"施里弗 - 3"演习表明，平流层飞艇等低速临近空间飞行器具有

制造运行成本低、连续工作时间长、作战高度较适中、部署位置不受领空属权限制等特点，作为信息载荷的承载平台，可使信息载荷在覆盖范围、链路损耗、工作时间、机动能力等方面大大改善，投入应用后可大大增加战场信息获取与传递能力，有效提升持久 ISR 能力，从而产生巨大的军事经济效益。正是在军事应用需求的牵引下，美军从未停止对低速临近空间技术的研发探索和试验验证，甚至不惜承担较高的研发风险，陆、海、空军分别立项研发，目前基本实现了实用型低速临近空间系统。

在临近空间浮空气球技术方面，20 世纪六七十年代尤其是近 20 年，NASA、美国空间和天文研究院（ISAS）及 Raven 公司等单位，做了很多研究工作，相关技术已陆续用于通信、监视、侦察等领域。在此基础上，美国进一步开展了临近空间浮空气球技术新概念探索和初步试验。例如，2002 年，NASA 释放的高空气球，到达 31.8 千米的高空，在空时间为 31 天 17 小时。2005 年，美国空军"战斗天星"浮空气球试验，飞行高度为 20.7 千米，连续飞行 8 小时。世界景观（World View）公司成功进行了高空气球飞行试验，飞行高度达到 30 千米。2016 年，NASA 成功进行了飞行高度 33.5 千米的高空气球飞行试验，验证了携带 1 吨以上载荷飞行 46 天的目标。Google 公司放飞数百个"南瓜"球形临近空间气球，已形成 100 天以上临近空间飘飞的能力，并在秘鲁上空利用风速风向测试了气球飞行路径被动控制技术。2018 年 9 月，DARPA 首次对外公开多年前即已启动的"可适应性比空气更轻"（ALTA）气球项目。[①] ALTA 的飞行高度高于 22.9 ~27.4 千米，对于最大升限约 19.8 千米的军用飞机而言难以拦截，且可用于保密通信中继节点或无人机蜂群母舰。目前，DARPA 已对 ALTA 进行了连续三天测试，预计其试飞时间将逐步延长，飞行高度将趋于稳定。

在临近空间平流层飞艇技术方面，美国于 20 世纪 70 年代末就开始研究高空平流层飞艇的技术方案，已有飞行器进入临近空间，执行

---

① 廖南杰. DARPA 测试新型平流层监视气球. 国防科技要闻，2018 年 11 月 20 日.

监视、通信和遥感等任务。2001 年，北美防空联合司令部（NORAD）和陆军一起提出实施一项高高空飞艇技术演示计划，以验证用飞艇保护美国北部边境及其空间的能力。2002 年，为防止"9·11"恐怖袭击再次发生，跟据本土防御需要，美国波音公司和一家德国公司合作研制一种装载预警雷达的临近空间巨型飞艇，部署 10 艘可监视整个美国领空。美国 MDA 启动"高空飞艇"（HAA）项目以满足导弹预警需求。2003 年，美国空军空间战实验室"攀登者"飞艇 30 千米高空试验成功表明，其传感器灵敏度是卫星的 50 倍，成本仅为"全球鹰"无人机的 40%。2005 年，西南研究院研制的以满足快速响应战术需求的"高空哨兵"飞艇，成功进入 22.8 千米的临近空间，载荷 27.24 千克，飞行 5 小时，成为继"攀登者"之后成功进入临近空间的第二艘飞艇。2006 年，美国 DARPA 和美国空军研究实验室（AFRL）联合启动"探测器与结构一体化"（ISIS）平流层新概念 ISR 飞艇预研项目，以满足全球情报/监视/侦察（ISR）和战区持久 ISR 需求。2010 年，美军研制成功可持续巡航一个月以上的高空侦察飞行器验证机（HARVE），可满足军事侦察和预警需求。2014 年，NASA 提出一种可长时间停留在高空、用于地球及太空相关研究的无人飞艇计划。该计划的第一阶段目标是对一艘"20 - 20 - 20"的飞艇进行演示验证，即搭载 20 千克的载荷在 20 千米高空停留 20 小时；第二阶段目标是搭载 200 千克的载荷在 20 千米高空停留 200 小时。2016 年，JP 航宇公司发布最新的轨道运输飞艇"攀登者"的缩比原型艇。新"攀登者"作为 3 级太空运输系统的第一级，将首先垂直爬升到约 42 千米高空，与一个可充气的亚轨道空间站（即第二级）对接。该项目是该公司"飞艇送上轨道"（Airship to Orbit）项目的一部分。

在临近空间高高空长航时无人机技术方面，美国近年来研制装备了多型临近空间无人机，如分别执行战术和战略任务的"捕食者"和"全球鹰"无人机。NASA 和航空环境公司在临近空间超长航时无人机方面也已发展了 5 代，分别为"探路者""探路者+""百夫长""太阳神"高空型样机、"太阳神"长航时样机。"大黄蜂"、"猎户星座"等无人机，也都是美国临近空间高空长航时无人机技术发展的典型代表。除上述"知名"的临近空间无人机外，美国还在积极研制"秃鹰"计划、"Solara50"、"鬼眼"和"全球观测者"等多种新型的临近空间无人机。

其中，RQ-4"全球鹰"属于战略级大型高空长航时无人机，早在 1998 年 2 月即已首飞。RQ-4A 型"全球鹰"无人机，可在目标区上空 18288 米处停留 24 小时。"全球鹰"已从基本型发展到 MQ-4C 型，性能不断提升，飞行高度达 19.8 千米，可在执行高空持久任务方面替代低轨道侦察卫星，并在实战中得到广泛应用。美国海军计划采办 70 架 MQ-4C 无人机，2017 年 10 月开始部署，2018 年形成初始作战能力，2023 年形成完全作战能力。据英国《简氏防务周刊》网站 2018 年 11 月 20 日报道，日本耗资 4.8 亿美元向美订购 3 架"全球鹰"无人机，提高情报、监视与侦察能力，监视北方区域。"探路者"高空升限 24 千米，续航时间 15 小时，主要用于验证长期、高空的通信中继、对地成像和天气预报等。2001 年，"太阳神"创造了无燃料飞行高度达到 30 千米的记录，停留空中时间超一个星期，将来续航时间可达数月甚至数年。2007 年，美国 DARPA 启动的"高高空超长航时无人侦察要素"（Vulture）项目，即"秃鹰"计划，将可在 20~30 千米高空飞行 5 年，为美国提供一种不依靠国外基地或维修站的持久情报、监视、侦察和通信中继能力。"Solara50"太阳能无人机由 Google 公司所属的 Titan Aerospace 公司正在研制，飞行高度大于 19.8 千米，航时 5 年，主要用于形成广域信息中继与通信平台以构建天基互联网。2015 年 5 月 1 日，Solara50 在美国墨西哥州进行了试飞。"鬼眼"和"全球观测者"氢动力高空长航时侦察无人机，分别由波音公司"鬼怪"工厂和航空环境公司研制，设计飞行高度约为 20 千米，留空时间为 4~7 天，将成为美国 C^4ISR 系统的增效器。2017 年 11 月，Facebook 公司宣布将基于"天鹰座"无人机与空客公司进行合作开展临近空间通信系统项目，以此推动基于临近空间飞行器的互联网（HAPS）从概念走向现实，并与国际电信联盟就通信所需的宽波段频谱支持达成初步意向。

四、高超声速研发项目虽成败基本对半，
　　但优势依然突出

美军在超声速飞行器研发应用的基础上，加速推进高超声速技术发展以占据新的战略优势，先后提出了国家空天飞机计划（NASP）、低成本快速反应导弹演示器计划（ARRMD）、高超声速 X 飞行器计划（Hyper – X）、高超声速技术计划（HyTech）、高超声速飞行验证计划（HyFly）和从美国本土使用和投送武器计划（FALCON "猎鹰"）等一系列研发计划，以达到能从本土出发迅即到达全球各地，完成远程攻击、人员或装备投送、情报/监视/侦察等任务。时任研究与工程国防部长助理艾伦舍菲尔曾表示，美国希望成为第一个掌握高超声速技术的国家。实际上，美国长期以来一直在始终坚持以前沿技术探索推动其高速临近空间飞行器的持续发展。

20 世纪三四十年代，桑格尔和钱学森分别提出的在大气层内高超声速远程飞行的设想，即是高超声速飞行的雏形，之后航空航天技术的蓬勃发展，为高超声速飞行带来了曙光。从 20 世纪 50 年代至 20 世纪末，美国进行了将近 50 个高超声速科学探索类项目。[①] 50 年代中期，美国就开始了助推滑翔武器的相关研究，特别是超声速燃烧试验的成功以及超燃冲压发动机概念的提出，带来了高超声速飞行技术发展的第一个高峰。60 年代初，美国 Aerospace 计划中用火箭发动机即实现了 X – 15 首次高超声速飞行，飞行马赫数大于 5.3；X – 15 共飞行 199 次，为后续发展提供了宝贵数据。此后，美国开始致力于实现利用大气中氧的吸气式发动机技术进行高超声速飞行。1986 年，在超燃冲压技术取得进展后，美国开始 NASP 计划[②]，以抢占高超声速技术领域的制高点。从此，美国高超声速飞行器发展进入了一个新的

---

① 王长青.临近空间飞行基础科学问题与装备创新应用发展思考.北京：世界先进导弹武器装备发展与未来战争形态研讨会，2018 年 1 月 26 日.

② NASP 计划的直接目的是水平起降、单级入轨飞行器 X – 30，但因技术难度过大失败。

研究高潮，仅在 1985～1994 年的 10 年间，仅 NASA 兰利中心就进行了近 3200 次试验。尽管 1995 年 NASP 计划下马，但通过这些试验，美国掌握了马赫数小于 8 的超燃冲压发动机设计技术，并建立了大量的数据库，为实际飞行器的工程设计打下了牢固的技术基础。1996 年，美国空军开始执行高超声速巡航导弹计划。1997 年，美国海军也提出了高超声速攻击导弹计划。1998 年，美国空军、海军和国防高级研究计划局经过研究，确定由国防高级研究计划局将空军和海军的计划合并为低成本快速反应导弹演示器计划（ARRMD），单独的军种计划向后安排。1999 年，国防高级研究计划局选定波音公司的骑波者超燃冲压发动机作为 ARRMD 的设计方案，并确定波音公司在 2001 年底之前完成样机制造并进行试飞。

2001 年，在经历了 NASP 计划下马的阵痛之后，美国充分认识到高超声速技术的难度和复杂性，为统筹高超声速技术的发展，NASA 和美国国防部联合提出"国家航空航天倡议"（NAI），除进入空间、空间技术内容外，首次提出能够实现重复使用、远程打击的高超声速平台概念，重点讨论了采用吸气式发动机在大气层中进行高超声速巡航飞行的技术，并建议美国分三个步骤发展吸气式高超声速飞行器：前期重点发展高超声速巡航导弹；中期重点发展高超声速轰炸机；远期发展重复使用的航天运载器。2001～2004 年间，美国以氢燃料超燃冲压发动机为动力的 X-43A 项目三次试飞两次成功，打响了美国有动力高超声速飞行器研制计划的"第一炮"，为美国抢占临近空间赢得了先机。2001 年 6 月，X-43A 进行首次试飞，由于助推火箭偏航自爆，试验宣告失败。2004 年 3 月，X-43A 第二次试飞取得成功。试验中，X-43A 由 B-52 轰炸机携带到 12 千米高度释放，之后由飞马小运载火箭将其加速推送到约 30 千米处与火箭分离，接着靠自身动力加速飞行，速度达马赫数 6.8，持续飞行 8 秒。11 月，X-43A 第三次试飞成功，在 34 千米高度处飞行速度达到马赫数 9.8，创造了采用吸气式发动机工作的飞行器飞行速度纪录，飞行时间大约 10 秒。

　　同时，美国军方主导了碳氢燃料超燃冲压发动机研发。[①] 在 Hy-
Tech 计划（1995～2002）的基础上，美国空军推动了一个采用JP－7
碳氢燃料的超燃冲压发动机的飞行器验证器计划（X－51A）。X－
51A"乘波者"高超声速巡航导弹，为美国经济上可承受的快速反应
导弹演示弹计划（ARRMD）的一部分，自 2010 年起共进行了 4 次飞
行演示验证。其中，2013 年 5 月 1 日，X－51A 第四次飞行试验取得
圆满成功，超燃冲压发动机工作 6 分钟，飞行马赫数 5.1，飞行距离
超过 426 千米。X－43A、X－51A 试验成功，表明美国已突破了吸气
式高超声速飞行器飞行试验的关键技术。

　　同样，在 NAI 的规划下，DARPA 和美国海军研究实验室联合开
展了为期 4 年（2002～2006）的 HyFly 计划。HyFly 计划的目的是通
过飞行试验验证以液体碳氢燃料超燃冲压发动机为动力、在 27 千米
高度巡航、飞行马赫数 6.5、射程 1100 千米的高超声速导弹技术方
案。美国 ATK 公司为 HyFly 制造了与 X－43A 和 X－51A 的双模态发
动机完全不同，但仍使用碳氢燃料的双燃烧室冲压发动机。但 HyFly
在 2005 年、2008 年、2010 年的三次飞行试验均因出现故障而宣告失
败。与此同时，2003 年 DARPA 和美国空军联合启动了 FALCON 计
划，即"猎鹰"计划。"猎鹰"计划是将一个高超声速滑翔体（通用
航空飞行器 CAV）装在小型固体运载火箭（SLV）上，SLV 将 CAV
发射到亚轨道后，CAV 沿弹道飞行并很快再入大气层，随后在大气层
内进行大距离的无动力高超声速滑翔飞行，期间 CAV 可进行大范围
机动规避反导拦截，最终精确击中数千乃至上万千米外的地面目标。
"猎鹰"计划合并了美国空军及 DARPA 此前的高超声速武器项目，
整个计划有些复杂，并在 2004 年将 CAV 重新命名为高超声速技术载
具（HTV）。目前唯一进行过实际飞行试验的是 HTV－2，但 2010～
2011 年两次飞行验证试验均告失败。

　　2005 年，多家政府科研机构逐步意识到相关项目存在诸多共性基
础科学问题，共同制定形成了国家高超声速基础研究规划

[①]　由于氢燃料密度低、沸点低，相对不太适用于武器。因此，各空天大国在 21 世纪
以发展高超声速武器为背景的高超声速技术计划，都重点发展碳氢燃料超燃冲压发动机。

（NHFRP）。2007 年波音公司提出高超声速侦打一体化平台 MANTA 项目。MANTA 的目标是发展具备情报、监视与侦察（ISR）/打击能力的新型临近空间高超声速信息作战平台。该飞行器采用涡轮喷气发动机（马赫数小于 2.5）和双模态冲压发动机（马赫数大于 2.5）组合动力系统，采用碳氢燃料，预计 2025 年前实现初始运行能力。同年，美国在国家层面成立"高超声速联合技术办公室"，统管高超声速技术研发活动。[①] 2008 年，在《国防部高超声速计划发展路线图》及《技术远景 2010～2030》文件中，美军扩大了高超声速技术的定义，即高超声速技术是指使大气层高超声速机动飞行成为可能的技术；明确了未来 20 年高超声速技术发展目标、技术路线和实施步骤，逐步形成了更加完备的科学技术研究体系。由此美国高超声速计划发生了重大转折，计划不仅包括吸气式高超声速巡航飞行的技术（如 X－43A），而且扩展到包括采用火箭发动机和组合发动机在大气层中进行高超声速机动飞行的技术（如 X－51A），从而采取了"两边下注"的策略。[②] 在这一技术路线及战略目标的指导下，高超声速飞行器代表着美国战略武器技术的重要发展方向，美国对相关技术进行了系统性的预先基础研究。

X－51A 也为 2011 年 5 月美国空军研究实验室 AFRL 提出"高超声速打击武器项目"（HSSW）提供了支撑。而几乎在同时，即 2011年中，在 X－51A 的基础上，美国空军和 DAPRA 开始合作开展战术级武器化原型"高超声速吸气式武器概念"（HAWC）研究。HAWC项目是 X－51A 超燃冲压发动机演示验证机的后继项目，预期射程可达 1100～2200 千米，飞行马赫数 5～6，用以对敌方先进防空系统及时敏目标进行打击，提高第五代战斗机应对"反介入/区域拒止"挑战的能力。2016 年 9 月，DARPA 授予美国洛马公司 1.71 亿美元的HAWC 项目第二阶段合同，用于研制战术级高超声速巡航导弹演示验证弹，表明美国当前吸气式高超声速导弹演示验证器的整体方案已经基本明确主攻方向。DARPA 局长史蒂文·沃克曾在 2018 年 3 月 1 日

---

① 王汉坤，张琳. 美临近空间高超声速武器发展及启示. 装备学术，2015（6）.
② 易建平，廖孟豪. 新一轮高超声速武器竞赛来临？国际航空，2017 年 3 月.

公开表示，也希望可以与海军在 HAWC 项目上进行合作，并且在 HAWC 项目后续的能力形成上进一步开展合作。与 HAWC 类似，HSSW 项目要求发展射程 1000 千米、最大飞行马赫数 6 的高超声速机载武器，属于战术级武器装备。因此，2013 年美国空军将原来的 HSSW 项目名称变更为 HAWC 项目，同年 12 月，空军与 DARPA 签订了备忘录，将 HAWC 项目（高超声速吸气式武器概念项目，由波音公司主导）与 TBG 项目（战术助推滑翔武器项目，由洛克希德·马丁公司与雷声公司联合开展）合并，形成了新的 HSSW 项目。至此，HSSW 项目的范畴由最初聚焦于吸气式方案扩展为涵盖吸气式与助推 - 滑翔式两类方案的项目。

HAWC、HSSW 项目表明，美国吸气式高超声速巡航技术正在加快武器化发展步伐。在此基础上，2017 年 7 月，美国空军瞄准快速部署打击高价值、时敏性固定和移动面目标的需求，已开始着手发展一型空射型的高超声速常规打击武器（HCSW）。HCSW 计划研制一型高超声速常规打击武器并将其集成到战斗机和轰炸机等平台。HCSW 计划采用较为成熟的固体火箭发动机等技术，性能指标虽相对保守，但实用性强。不同于 HAWC 和 TBG 项目，HCSW 项目包含装备型号的研制工作，由掌管空军装备采办的美国空军寿命周期管理中心负责。据此基本可以断定，美国空军正在走快速采办程序开展 HCSW 项目的采办工作，以加快型号研制与装备列装进度。值得关注的是，HCSW 项目旨在根据已有技术成果率先研制一型功能较简单、性能较保守但可快速部署的高超声速导弹装备，以快速形成作战能力，投放技术威慑力。2018 年 5 月 25 日，美国《防务内情网站》报道称，美国国防部也正在探索 HCSW 的海军改型。上述研究也表明，在急迫的实战化军事需求的牵引下，美国在进行有动力高超声速武器技术研发，采取了前沿的超燃冲压发动机以及成熟的火箭发动机"多轨"并行的策略。

在无动力高超声速武器研制方面，先进高超声速武器（AHW）项目为美国"常规快速全球打击体系（CPGS）"下重点发展的中远程高超声速助推 - 滑翔式导弹，于 2006 年启动。从 AHW 项目 2015 ~

2019 财年申请预算看，该项目研究正在不断加强，成为美国 CPGS①武器技术发展的重心。2011 年 11 月，美国陆军成功完成 AHW 首次飞行试验，飞行距离约 4000 千米，实现了预定目标。2014 年 8 月，AHW 第二次飞行试验时，飞行器发射后 4 秒因发射台出现故障爆炸自毁，试验失败。据后续调查结论显示，此次失败与飞行器本身无关。经过两年多的准备，2017 年 10 月，美国海军成功进行了海基 AHW 首次潜射飞行试验。此次试验被称为飞行试验 1（FE-1），是对国防部常规快速打击项目三年来工作的一次重要评估，采用了与 2011 年首飞试验相同的飞行路线，飞行时间不到 30 分钟。为支持按计划于 2019 年进行的飞行试验，美国国防部分别于 2018 财年、2019 财年为 AHW 项目申请 1.97 亿美元、2.63 亿美元经费。

与 HTV-2 类似，AHW 也属于助推-滑翔飞行器，即通过运载火箭助推到达高空，然后再以高速滑翔的形式载入，属于战略级武器。主要区别在于 HTV-2 的发展目标是可重复使用高超声速飞行器，采用乘波体布局和本土发射方案，执行洲际作战任务，设计射程 1 万千米以上，最大速度可达马赫数 20，命中圆概率误差为 30 米，约需 45 分钟；而 AHW 是一次性导弹武器，采用轴对称布局和前沿部署方案，计划前沿部署于关岛、印度洋迪戈加西亚和波多黎哥，执行战区作战任务，设计射程 6000 千米以上，最大速度可达马赫数 10，命中圆概率误差为 10 米，约需 35 分钟。

可以看出，AHW 的速度和射程仅为 HTV-2 的一半左右，只有部署在较为靠近"前线"的军事基地或利用移动的潜射方案，才能实现常规快速全球打击目标。正是由于这个原因，AHW 第二次试飞失败后，美国国防部战略系统采办部门随即选择由海军在陆军 AHW 项目成果的基础上继续开展下一阶段的飞行试验工作。同时组建了一个"常规快速打击"（CPS）国家队，包括海军、陆军和空军以及多个国家实验室、大学和研究中心。其中，海军重点进行陆基 AHW 方案改型，以适应潜艇发射要求（海基 AHW）。值得关注的是，这一系统将

① 美军根据技术发展和需求实际，已将"常规快速全球打击体系（CPGS）"调整为"常规快速打击"（CPS）。

来可发展成为一种从"俄亥俄"级战略核潜艇以及弗吉尼亚级潜艇导弹发射筒内发射的武器系统，将对传统的防空安全构成重大威胁。

不过也应看到，尽管HTV-2两次飞行试验均没有取得成功，但为持续推动马赫数20的高超声速技术发展奠定了坚实的基础。如DAPRA于2012年8月继HTV-2后提出了IH计划。IH计划拟结合火箭发动机动力系统，实现在大气层内跳跃滑翔飞行近2小时、纵程约3.7万千米、横程约1.8万千米的目标。2013年，又启动了CHR项目，旨在设计、制造并验证一种战术级助推-滑翔高超声速飞行器，具有远程战术打击能力。但据报道，在2014财年IH的经费支持被停止。然而同年，美国空军与DARPA合作启动了机载发射"战术助推-滑翔（TBG）"项目。TBG项目研制目标是对战术级助推-滑翔高超声速导弹进行技术开发和试验验证，重点发展大范围飞行包线所需的气动力/热性能、制导与控制等关键技术，最终研制一种可从现役空基和海基作战平台发射、最高速度达马赫数9、射程超过1000千米的战术级助推-滑翔高超声速导弹。该项目目前处于技术开发阶段，计划于2019年进行首次飞行试验。TBG项目还将考虑与海军垂直发射系统（VLS）的兼容性。

2018年5月10日，美国众议院武装力量委员会通过的2019财年国防授权法案草案，授权国防部在2019财年启动"作战火力"（Op-Fires）项目。本项目中，美国国防部希望陆军地面部队配备战术性的高超声速助推滑翔飞行器，用以突破敌防空系统并摧毁时敏目标。"作战火力"（OpFires）项目由DARPA与陆军联合开展，且已选定洛克达因公司、Exquadrum公司、内华达山脉公司为项目承包商，负责开发及演示验证一种创新型地面发射系统，使能高超声速助推滑翔武器，实现穿透敌人现代防空，并快速和精确地打击时敏目标。项目将开发创新性推进解决方案，促成一种机动、地面发射的战术武器投送系统，能将各种有效载荷发射到各种射程。

可见，美国高超声速飞行器发展一直坚持着战略级、战术级并行发展，有动力、无动力并行发展的思路。一边压缩进展受阻项目，一边选择性地保留重点项目，尤其是在战术级高超声速武器发展方面，需求似乎更加迫切。如美国国防部拟开发陆、海、空通用型高超声速滑翔体，增强其新型三位一体常规高超声速打击能力。① 该通用型高超声速滑翔体由火箭搭载，可从各军种平台发射，这是美国军方装备超快机动武器的重要一步。这表明经过十多年的研发，美国国防部已经准备将成熟的技术用于常规快速打击项目，以推进使用非核武器一小时打遍全球的长期政策目标。该项目的相关工作由美国国防部长办公厅（OSD）牵头。OSD 曾资助了海军 2017 年 10 月高超声速助推滑翔原型的第一次飞行试验（海基 AHW）。基于此次飞行试验的结果，美国国防部正在筹建专门用于高超声速武器的新管理机构和流程。根据美国国防部 2018 年 6 月 28 日签署的"高超声速助推滑翔技术开发及其总体目标"备忘录，高超声速滑翔体项目已达到成熟水平，允许在 OSD 开发的基础上开发通用型高超声速武器。

此外，美国正在开展雄心勃勃的集情报、侦察、监控与打击等功能于一体的 SR‑72 项目。SR‑72 项目计划采用涡喷发动机（马赫数小于 3）和双模态超燃冲压发动机（马赫数大于 3）组合动力，巡航速度为马赫数 6，可满足美军在 2 小时内对全球任何目标进行侦察或打击的任务要求。2013 年，洛马公司公布 SR‑72 演示验证机方案，并宣称将于 2030 年完成 SR‑72 研制。2017 年 6 月，洛马公司公布将在 2018 年左右进行 SR‑72 原型机试飞，2023 年左右首飞，2030 年前后服役。由轨道 ATK、洛克达因公司承担的先进全速域发动机项目（AFRE），即是为了研发和地面验证一种能在马赫数 0~5＋范围内无缝工作的可重复使用、碳氢燃料、全尺寸涡轮基冲压组合（TBCC）发动机，将支撑 ISR 任务高超声速飞行器的研制。

鉴于 SR‑72 功能、技术的复杂性，2017 年 7 月，美国空军表示，高超声速飞机的发展将采取"先爬—再走—最后才跑"的渐进式策略，SR‑72 将是第一步，并披露 SR‑72 将采用火箭基组合循环发动机（RBCC）的一种典型结构——支板引射火箭发动机。显然，洛马公司根据 AFRL 高速作战系统使能实现技术项目（ETHOS）提出的发

① 佘晓琼. 美国国防部拟开发陆海空通用型高超声速滑翔体. 国防科技要闻，2018 年 9 月 20 日.

展思路，已对 SR－72 最初的发展规划及具体方案进行了调整。2018
年 1 月，曾经研制过 X－43A、X－51A 的波音公司首次公布了一款马
赫数 5 的高超声速打击和侦察无人飞行器概念模型，该飞行器的最大
特点就是围绕 TBCC 展开设计。综合分析美国高超声速飞机相关研究
项目情况，可以看出，美国已全面布局开展高超声速飞机技术攻关，
并已启动分系统级演示验证。

　　另据美国《航空周刊》网站 2018 年 6 月 26 日报道，波音公司公
开了其正在研制的高超声速民用客机概念方案以及相关技术细节。该
方案瞄准马赫数 5 速度飞行、29 千米巡航高度进行跨大西洋/太平洋
飞行，将开发不同于涡轮基组合循环发动机的涡轮冲压发动机技术，
同时利用波音民用超声速飞行器技术和军用高超声速"乘波体"设计
成果。该高超声速民用客机概念方案与 2018 年 1 月 10 日其公开的高
超声速打击和侦察无人飞行器概念方案，出自同一项高超声速飞行器
研究计划。

　　在上述大量高超声速项目加快发展的同时，美国非常重视高超声
速技术基础研究，这也助推了其高超声速武器研制螺旋式加快上升的
趋势。

　　高超声速技术是阶梯式发展，需要投入几十年连续的技术发展才
能取得渐进的进步。美国战略与国际研究中心空天安全项目主任托
德·哈里森警告空军，不要在高超声速技术成熟度达到一定水平前就
匆忙加速该领域发展，现阶段最佳方案是进行研发投资，直到高超声
速技术达到一定成熟度水平。因此，美国在按照计划稳步推进高超声
速武器研制工作的同时，一直在全面系统地深耕高超声速技术基础科
研以逐步推动高超声速飞行器型号研发工作。如经过几十年的努力，
美国已建成 60 余座耗资巨大的高超声速试验设备，其中尺寸最大的
为 2.4 米，模拟速度最高为马赫数 17。当前，美国空军高超声速领域
的基础研究预算更是在急剧上涨。与 2012 年在高超声速技术领域花
费不到 7900 万美元相比，2018 年预算中为该领域申请超过 2.92 亿美
元，其中 9000 万美元用于原型设计。

　　为解决飞行器的可行性、有效性和可负担能力等挑战，美国空军

正在推动有效和负担得起的高超声速巡航导弹关键技术研发工作，继续与 DARPA 合作开展高速打击武器技术的飞行试验验证项目，由这些试验中得来的技术和概念为实现作战武器系统提供选择方案，以便在受高度争议的环境中迅速有效地确定其需要瞄准的目标类型。例如，美军认为，虽然 X – 51A 成功验证了超燃冲压发动机的可行性，但仍有包括控制、气动等许多问题需要解决。为此，除 AFRL 与 NASA、澳大利亚国防科学与技术组织自 2006 年起就已经开始联合开展的国际高超声速飞行研究实验（HIFiRE）项目外，美军还正在实施实验性航天飞机项目（XS – 1）、先进全速域发动机项目（AFRE）、高超声速飞行器边界层转捩实验项目（BOLT）、高频次低成本高超声速飞行试验项目（HyRAX）以及高速作战系统使能实现技术项目（ETHOS）等，也正在与英国反作用发动机公司合作研发强预冷的高超声速"佩刀"吸气式发动机。①

2017 年 3 月，在美国空军协会空中战争研讨会上，美国空军表示将重点投资高超声速相关技术研发，通过 AFRL、DARPA 和工业伙伴的协同努力，已多途径地成功验证高超声速武器。美国空军在其《高超声速试验能力提升计划》中明确指出，未来 5 年（2017 ～ 2021 财年）将为高超声速试验能力建设投资 3.5 亿美元。美国空军为支撑高超声速助推 – 滑翔导弹及高超声速巡航导弹的发展，发布了"高超声速武器材料与工艺"项目第二轮招标公告，计划在 2020 年将相关关键技术的成熟度提高到 5。2017 年 5 月，美国空军商讨加快高超声速技术研究和进展的突破口，以打破更高的速度屏障，确保可持续的技术优势；美国国防部向一个由美国科罗拉多大学牵头的高校团队授予了一份为期 5 年、总额 750 万美元的科研合同，用于研究 24 ～ 36 千米高空的大气环境，以支撑未来高超声速飞机的研发。2017 年 8 月，为响应高速飞行试验能力建设需求，美国时代轨道发射服务公司

---

① 正当各空天大国投入巨资研发超燃冲压发动机而技术尚未成熟之际，英国反应发动机公司（REL）的"协同吸气式火箭发动机"（SABRE，简称"佩刀"），在地面试验台上完成 100 多次试验，证明它能在百分之一秒内将气流从 1000 摄氏度冷却到零下 150 摄氏度，不会造成霜冻堵塞，从而为高超声速推进系统的发展，开辟了一条全新的途径，改变了这个领域的"游戏规则"，也吸引美国等积极与其合作。

（GO 公司）正在紧密开展高超声速飞行试验床的热试车和系留飞行试验等准备工作。2017 年 10 月，美国空军宣布，已将时代轨道发射服务公司"GO 发射者 1 号"高超声速飞行研究机编号为 X－60A。它采用空中投射，以液体火箭发动机为动力，用于高超声速飞行研究，以促进包括超燃冲压发动机推进、高温材料和自主控制等技术的成熟。[①] 近期，美国再次提出将临近空间飞行器作为其战略高技术发展的重要新方向之一，意在继续保持其技术引领地位，尤其是将高超声速技术研究与发展列为美军武器装备现代化投资重点的七大领域之一，该领域也是"第三次抵消战略"下支撑其常规威慑能力技术群中首次被国防部部长级的高层官员重点提及的领域之一。

此外，美国 X－37B 已成为新概念多功能临近空间飞行器的典型代表。目前看，由于 X－37B 空天飞机长期在轨运行并执行任务，只是穿过临近空间，因此，业界对 X－37B 是否属于临近空间飞行器仍存争议。但从 X－37B 的设计以及功能特点看，该飞行器虽属于跨大气层飞行的空天飞行器范畴，但也可实现在临近空间高超声速远程飞行，仍具备在临近空间执行任务的能力。因此，它是一个"多面手"，按临近空间飞行器进行讨论也具有其合理性，并且它也代表了未来新概念多功能临近空间飞行器的发展方向。解放军报 2013 年 12 月 10 日第 006 版"未雨绸缪，致远经略——高度关注新空间新领域的战略应用价值"一文也提出，美军正在大力发展高超声速轨道飞行器、助推－滑翔高超声速导弹、平流层飞艇等临近空间武器。[②] X－37B 即属于该文所述的高超声速轨道飞行器范畴。

X－37B 融航空器和航天器特点于一身，具有无人驾驶、天地往返、长期驻轨、快速反应等优势，既可用作天基指挥控制平台，也可用来摧毁、瘫痪、干扰他国天基系统，还可实施导弹预警、战略侦察和对地快速远程精确打击，既承载着美国称霸太空的战略野心，也吹

---

① 据报道，美国空军需要像这样的"飞行风洞"来搜集数据，对地面试验能力形成补充，以便更好地理解材料和其他技术在高超声速飞行条件下的状况，既加速美军现有高超声速武器快速原型化发展，又加速未来高超声速系统的发展步伐。

② 袁艺. 未雨绸缪，致远经略——高度关注新空间新领域的战略应用价值. 解放军报，2013 年 12 月 10 日，第 006 版.

响了太空军备竞赛的号角。X－37B 以助推火箭发射或飞机投放、进入 200～900 千米地球轨道高速飞行。X－37B 在临近空间飞行期间，速度最高可达 2.7 万千米/小时（25 倍声速以上），飞行中所有功能自动运行，无需地面遥控，普通军用雷达根本无法捕捉其踪迹，被认为是未来太空战斗机的雏形。2010 年 4 月 22 日，X－37B "轨道试验飞行器" OTV－1 发射升空，在轨运行 224 天；2011 年 3 月 5 日，OTV－2 发射升空，在轨运行 468 天；2012 年 12 月 11 日，OTV－3 发射升空，在轨运行 675 天。2015 年 5 月 20 日，OTV－4 发射升空，目前仍在进行定期试验。

令世界震惊的是，在 OTV－4 仍在轨运行的同时，2017 年 9 月 7 日，X－37B 第五次轨道试验任务按期成功进行。美国空军快速反应能力办公室表示，第五次任务有许多开创性内容，是 X－37B 项目的一个关键里程碑，将进一步支持快速增长的空间任务。其中，值得关注的是，之前发射 X－37B 使用的"宇宙神"－5 火箭的一级发动机为俄制 RD－180 发动机，本次发射使用的"猎鹰 9"火箭则完全来自美国本土制造，这对于增加 X－37B 的发射选择以及避开俄方掣肘具有现实意义。但据报道，由于俄美关系恶化，美国国会确实是先禁止在 2019 年之后继续使用俄制火箭发动机，但随后又取消了这一禁令，因为美国在未来几年内无法造出国产发动机。在此之后，联合发射联盟公司向俄罗斯加购了 20 台 RD－180。美国空军计划在 2019 年仍使用"宇宙神"－5 火箭第六次发射 X－37B。由此也可看出"航天工程、动力先行"的重大战略意义，以及航天技术脱离不了"国际合作—矛盾—竞争—合作"的格局。

五、攻防两端同时发力全力发展反临近空间技术

近年来，美国多方强烈呼吁加快临近空间防御技术研发。美国白宫、国防部、空军及高端智库等对其面临的高超声速威胁进行密集表态表明，美国将在加大马力推动高超声速进攻武器技术发展与转化的同时，也将对临近空间防御技术的发展给予高度注重。2016 年度美国

国会预算听证会的证词也表明，美国政府和军方越来越关注高超声速领域的防御问题。美军在坚持对其临近空间前沿科研项目投入遵循稳步推进和实用至上务实策略以规避较高研发风险的同时，为抵御临近空间威胁，正加强对高超声速飞行器等防御技术问题的研究。

2017 年 2 月，美国空军《高速机动武器：美国全球警戒、到达与力量面临的新威胁》报告认为，战略竞争对手在高超声速机动武器上"投资巨大、进展显著且成就惊人"，美国在高超声速武器领域的优势正在丧失，可能面临被赶超的危险，因而，美国应加快高超声速技术的研发和转化，尽快研制出高速机动武器，实现"以攻代守"的战略防御目的。2017 年 6 月，美国国防部发布《弹道导弹和巡航导弹威胁评估》报告，首次将战略竞争对手正在研发的高超声速滑翔飞行器定义为"新兴威胁"。报告指出，鉴于战略竞争对手推动发展可改变游戏规则的高超声速技术，美国国防部正寻求为高超声速技术研发项目提供更多资金，投资对象包括进攻性武器及敌方近期可能研制出的马赫数 5 以上高超声速导弹或飞机的防御技术。美国 2017 年度《国防授权法》中，明确要求导弹防御局制定专门应对高超声速导弹威胁的相关军事计划。对此，在 2018 财年预算报告中，导弹防御局提出设立高超声速武器防御计划，为"高超声速防御"专项申请 7530 万美元，未来 5 年将申请 5 亿美元经费，用于高超声速防御系统工程活动、技术验证与降低风险，研发活动包括完成高超声速防御方案分析、能力路线图发展及传感器技术验证和武器概念的初步投资，以应对先进威胁。

美国国家科学院、米切尔研究所等提出，高超声速武器极高的速度、机动能力及飞行高度，对美国构成严重威胁。波音研究与技术中心认为，美国需要尽快建立全面的国家计划，并给予充足资金，在技术成熟度、系统集成和能力演示验证允许的情况下开展进攻和防守高超声速技术的研究。《华盛顿自由灯塔报》等媒体多次报道其他国家高超声速武器飞行试验，多名美专家也不断呼吁美国国防部尽快投资发展相应的防御技术和能力。美国《大众机械》月刊网站 2017 年 6 月 22 日发表题为《研发高超声速武器防御系统将是困难而且费钱的》

的报道称，美国仍能对付他国在所谓高超声速武器方面的进展，但需要花大力气投资研发防御系统。美国战略与国际研究中心表示，推动高超声速武器防御能力的发展表明"安全环境的真正转变"，引发对进攻性高超声速武器及防御系统的需求；在该中心《导弹防御与挫败——新政策评审需要考虑的问题》报告系列文章之一《美国导弹防御的方向校正：评估特朗普政府的方针》中提出，高超声速技术等新型导弹技术已经应用或接近应用，其发展带来的威胁是真实且紧迫的，美国国防部必须建立并资助应对这些新型威胁技术发展的研发和测试项目，尽快将导弹防御纳入一体化防空反导体系。

目前，美国已形成多种反高超声速武器方案。美国针对临近空间目标重大潜在威胁和临近空间防御面临的重大技术挑战，提出了改进现有反导武器系统与发展全新武器系统两条技术途径，启动了"远程高超声速拦截导弹"项目，同时全新发展用于拦截滑翔弹头等临近空间目标的地空导弹武器系统。其全球一体化多层导弹防御系统在重点验证区域性反导系统联合作战能力的同时，为应对临近空间的潜在威胁，提出了反高超声速武器的初步方案。[①] 如2015年1月，美国国防部计划提高 THAAD 拦截弹的射程，以应对战略竞争对手的高超声速武器威胁。洛马公司防空反导发展部负责人也表示，美国正在研制增程型 THAAD‐ER 拦截弹。THAAD‐ER 将使用和原有拦截弹相同的发射装置和杀伤器，采用两级发动机设计和更大的助推器，使一子级能将拦截弹助推至大气层内高空或大气层外，具备拦截临近空间目标的能力。

但 THAAD‐ER 增程型等方案均为近期过渡方案，美国国防部希望远期采用激光武器和轨道炮等定向能技术实现高超声速武器拦截能力。此外，美军还提出"标准‐6"拦截弹、激光炮甚至天基卫星反导系统等同样具备反高超声速武器的潜力。据美国《华盛顿自由灯塔报》网站2018年11月13日报道，美国国防部研究与工程副部长迈克尔·格里芬表示，美国国防部目前还没有足够的防御能力来应对对

---

① 杨云翔. 美国全球一体化导弹防御系统及技术最新进展. 外军导弹装备发展动态，2016年7月20日.

手们正在大力发展的高速机动且难以探测的武器。国防部将申请更多经费来发展激光武器、高功率微波武器和其他定向能武器系统，以应对高超声速武器以及无人机蜂群的威胁。①

美国 DARPA 高度关注高超声速防御领域的技术创新，以支撑美国防御高超声速武器威胁能力的提升。2018 年 9 月 6 日，DARPA 正式公布了一款与空军联合实施的拦截高超声速武器的概念。这意味着，在多年以来感受到高超声速飞行器带来的致命挑战之后，美国的科研机构正式立项，也积极地参与寻找有效的反制手段。这种高超声速武器拦截概念，采用的是直接命中杀伤的物理拦截机理，主要是应对飞行速度为数个马赫数的助推－滑翔弹头，预计在 2019 ~ 2020 年开始进行飞行测试，时间显得非常紧凑。② 2018 年 11 月 6 日，DAR-PA 战术技术办公室公布了"滑翔破坏者"项目跨部门公告，要求潜在竞标商在 2018 年 12 月 21 日前提交竞标方案书。根据公告，项目将开发并验证一种使能技术，这种技术对于一种能对抗高超声速飞行器的先进拦截器而言将非常重要。据称，它是一种小型飞行器，可进行动能拦截，即直接撞击目标。DARPA 认定，"滑翔破坏者"将提高美国防范所有级别高超声速威胁的能力。

为确保制临近空间权优势，美国在大力发展临近空间目标拦截技术的同时，也非常重视临近空间目标的跟踪探测技术研发工作。据美国商业机会网站 2017 年 3 月 27 日报道，随着新兴高超声速滑翔武器的发展，美国需要一种能够在全球范围内持久工作的天基传感器系统，用于准确和有效地跟踪目标，目前已进入方案征询阶段。为应对高超声速威胁，导弹防御局将开展一系列传感器及武器技术演示验证，包括从地基雷达、高空无人机到天基卫星平台，以跟踪高超声速威胁目标。美国发布的"用于跟踪高超声速滑翔飞行器的天基微型传感器实验"信息征询公告，就是面向国防主承包商、商业公司、国家

---

① 廖孟豪. 高超攻防 5：DARPA 在高超声速攻防两端同时发力，"作战火力"项目和"滑翔破坏者"项目取得新进展. 空天防务观察，2018 年 11 月 20 日.

② 美公布高超声速武器拦截概念，将克制古怪刁钻的水漂弹. 云上的空母. 2018 年 9 月.

实验室、大学及大学附属研发中心，征集天基微型传感器实验方案，以实现利用小卫星星座探测并跟踪高超声速威胁。美国国防部已经开始研究部署天基导弹和新型传感器，以应对不断增强的高超声速导弹威胁。如 2018 财年国防授权法案提出的"持续天基监视传感器体系"，就是 2017 年弹道导弹防御评审中提出的天基精密跟踪层（SB-PT Space-Based Precision Tracking Layer），需提供真假弹头的识别能力，还能够跟踪具备机动能力的高超声速武器。

不过，美国国家科学院在 2016 年底完成的一项关于"如何防御高超声速机动式打击武器"的研究报告指出，不存在某项或某几项武器装备能够有效防御这类威胁，最好的应对办法是美军对等发展自己的进攻性高超声速武器。美国国家科学院、米切尔研究所同时指出，美国已经是高超声速技术领域的领跑者，但研究人员一直想研究得更加深入；在某种程度上，管理者必须接管并支出需要开发的作战系统；美国已经在该领域投入了数十亿美元，是收获实用产品的时候了。因此，上述针对高超声速武器的防御计划是否真的能够起到作用，是否如美国国家科学院所言"有效防御高超声速武器威胁最好的办法是对等发展进攻性高超声速武器"，尚有待进一步验证。但笔者也认为，高超声速武器并非不可防或反制。比如，一方面，因为高超声速武器对气动外形要求苛刻，哪怕是造成高超声速武器平台本身一小点儿的损伤，也会使高超声速武器飞行轨迹被动产生"失之毫厘、谬以千里"的效果，甚至飞行器解体。另一方面，由于高超声速武器飞的极快，拦截可能确实比较困难，此时，电磁干扰也许是另一种造成此类导弹武器"失明""失聪"的有效途径。

六、积极抢抓规则制定主动权

目前，临近空间尚未被系统开发，且缺相关的国际规则约束，其归属在国际上仍属"空白"，每一个国家都有自由进出的权利。但随着对临近空间的广泛开发以及新型临近空间飞行器逐渐进入应用试验阶段，美国在大力发展临近空间攻防对抗"硬实力"技术和手段的同时，依靠其技术优势、联盟优势以及规则优势，积极抢抓临近空间国际规则制定权和话语权，以提高临近空间活动进入门槛，限制其他国家临近空间活动，来达到维持其临近空间优势的战略目的。

2017年9月，美国智库兰德公司发布《高超声速导弹防扩散》报告，分析了包括高超声速滑翔飞行器、高超声速巡航导弹在内的高超声速导弹及技术扩散对战略产生的影响，认为高超声速导弹速度制胜、要害瘫痪以及在飞行高度和机动性等方面的优势，可压缩作战OODA（Observation、Orientation、Decision、Action）链条[①]，降低军事行动门槛，增加武装冲突期望值、危机不稳定性等；认为在全球20多个开展高超声速导弹技术研发的国家中，仅次于美国、俄罗斯和中国研究水平的是印度、法国，其次是澳大利亚、日本和欧盟，并指出高超声速技术军民两用的双重性、研发的广泛性、公开的研究资料和国际合作都对高超声速导弹防扩散构成了重大挑战。为此，以美、俄、中为核心，从单边政策和多边政策两个方面讨论提出了高超声速导弹及技术防扩散的措施建议。该报告是国际上针对临近空间武器防扩散方面的首次举动，反映出美国在抢占临近空间国际规则制定主动权方面的"积极"姿势。

---

① OODA杀伤链即美国军方用于描述决策和行动周期的一种方法。谁能更快更好地完成OODA链，谁就能获得作战胜利。美国军事理论家博伊德提出：一个完整的军事行动周期可分为"观察—判断—决策—行动"四个阶段（Observation，Orientation，Decision，Action）；战争中，双方都力争全面及时地掌握对方情况，做出准确判断和决策，进而采取必要的行动以掌握主动；只要战争活动还在进行，"OODA循环"就一个接一个地继续，直至一方取得最终的胜利；如果能够有效缩短己方、延长敌方这一周期的持续时间，将在与敌的时间优势争夺中保持主动。

附件三　俄罗斯在打造空天防御体系中强化临近空间能力

俄罗斯（苏联）是历史上与美国军事实力相当的世界军事强国，曾经一度在临近空间领域尤其是高超声速技术方面独占鳌头。但由于后期对临近空间缺乏持续重视、统筹规划和顶层设计，加之欠缺持之以恒的经费和人力投入，技术优势未能延续继承，造成其临近空间装备研发的整体水平曾一度落后于美国，临近空间战略拓展进程滞缓。不过，进入21世纪以来，俄罗斯深刻认识到临近空间的战略价值及其与美国的差距，开始重视顶层规划，制定了《俄罗斯2002～2010年军用无人机发展计划纲要》《2018～2025年国家武器装备计划》等一系列用来指导和推进临近空间装备体系化发展的顶层文件。在有关政策的指导下，俄罗斯在临近空间技术尤其是高超声速飞行器领域又快速保持着强劲的研究和发展势头，高超声速飞行器技术与美国一样也处于世界顶尖水平，甚至领先于美国。[①] 总体上看，俄罗斯临近空间战略拓展经历了"先强后弱再快速跟上"的历程，主要呈现以下几个方面的特点。

一、重点发展供海上作战支援用的临近空间飞艇

俄罗斯有选择地重点开展供海上作战支援用的大型飞艇"别尔库特"的研制，主要由Augur航空中心实施。该飞艇设计直径58米，长290米，有效载荷200吨，巡航速度90千米/小时，最大飞行时速

---

① 刘斌，曹泽阳，张雅舰. 俄罗斯军队临近空间装备发展浅探. 国防大学学报，2016 (12).

150 千米，飞行距离 15000 千米，飞行高度 21 ~ 23 千米。飞艇的动力装置为 9 个发动机，推力矢量控制系统可以实现垂直面转动，并为空中悬浮状态下的飞艇提供姿态调整。无独有偶，与美国近几年对低速临近空间飞行器方面的报道几乎"销声匿迹"类似，俄罗斯在低速临近空间飞行器方面的报道也很少。不过，与高超声速飞行器主要是干威慑的"活儿"相比，低速临近空间飞行器主要执行侦察监视用，本来就是干的秘密的"活儿"，所以，略显低调不报道也在情理之中。

二、加快发展高超声速武器以建立全球闪击系统

为应对美国隐身和高超声速技术发展对其空天防御体系带来的极大挑战，俄罗斯在其 20 世纪中后期大量高超声速飞行试验技术研究的基础上，近几年其高超声速武器研发迅速崛起。

俄罗斯已将高超声速武器系统作为高度优先发展的军事装备，计划于 2020 ~ 2025 年左右形成实战能力，以确保未来 30 ~ 40 年的全球军事战略平衡，并为俄罗斯在未来美俄之间谈判中增加一个非常有效的筹码。据人造地球卫星新闻网 2017 年 4 月 20 日报道，俄罗斯副总理 Dmitry Rogozin 表示，俄罗斯高超声速武器系统研制进度与美国相一致，强调高超声速武器系统是俄罗斯高度优先发展的军事装备，因为其具有摧毁导弹防御系统的能力。

实际上，苏联也是较早开展高超声速技术研究的国家。自 20 世纪 50 年代至苏联解体，苏联多家研究机构对高超声速技术进行了长期深入的研究。90 年代左右先后实施过"冷"计划、"鹰 – 31"计划、"彩虹 – D2"计划等，取得了多项突破，储备了丰富的技术基础，曾一度领先于美国。"冷"计划是 20 世纪 80 年代初苏联制定的超燃冲压发动机飞行试验计划，开始于 1987 年，由中央航空动力研究院和中央空气流体力学研究院共同承担，可在马赫数 6 ~ 14、高度 25 ~ 50 千米的工作范围内进行飞行试验。试验飞行器由洲际弹道导弹改装的助推器加速到预定速度后分离，然后在超燃冲压发动机推进下自主完成飞行试验。1991 年 11 月 27 日"冷"计划进行了首次飞行

试验，这是人类历史上的首次超燃冲压发动机高空高超声速飞行试验，创造了冲压发动机从亚燃到超燃模态成功转换的纪录。"冷"计划的成功实现了亚声速燃烧向超声速燃烧的转变，飞行马赫数最高达6.5，获得了马赫数 3.5~6.45 飞行速度和相当高的动压飞行条件下有关亚声速和超声速燃烧的飞行试验数据，"冷"高超声速试飞器、超燃冲压发动机模型、试飞器发射系统已经成为一套很完善的试验设备；同时该计划也使苏联在该领域遥遥领先于美国，迫使美国航空航天局不得不在 1998 年斥巨资向俄方购买高超声速飞行试验数据。"鹰 -31"计划项目也进行了大量的地面试验，其试验飞行器则由 SA - 10 地空导弹改装而成，挂载在米格 -31 飞机腹部发射架上。在试验飞行器外侧，对称安装两台超燃冲压发动机。米格 -31 在 15 千米高空以大于马赫数 2.5 的速度发射试验飞行器，试验飞行器可进行马赫数 2~10、高度 15~40 千米范围内的飞行验证，超燃冲压发动机试验时间可达 40 秒。彩虹 - D2 高超声速巡航导弹的飞行高度在 15~30 千米，最大巡航速度可达马赫数 6.5。

苏联解体后，为弥补资金短缺，俄罗斯积极通过国际合作以技术换资金。例如，"冷"计划第一次试飞成功后，俄罗斯便与美、法、德、日签订了联合开发协议，确定该计划的后 4 次试飞由美、法两国资助，大大促进了该项目的完成。1992 年和 1995 年俄罗斯与法国合作成功进行了超燃冲压发动机两次验证飞行，最大速度达到了 5.8 马赫。这又一次震惊并促使美国加快超燃冲压发动机的研究，并提出与俄罗斯进行合作的倡议。1997 年，美国与俄罗斯两国交换研究资料后，开始正式进行超燃冲压发动机的合作研究，并于 1998 年进行了超燃冲压发动机终极改良版的发射试验，达到了 6.5 马赫的速度。之后，美国与俄罗斯双方各自进行了不同的超燃冲压计划。如俄罗斯从未停止研究的远程高超声速战略空射巡航导弹 X - 90。俄军认为，此类导弹在未来相当长的一段时间内足以突破任何防空与反导系统，确保俄军的进攻作战优势。1997 年，俄罗斯宣布已研发出一种高超声速巡航飞行器（HCV），其飞行轨迹不遵循现代核弹头那样的典型抛物线轨迹，可以任意改变方向。同年，俄罗斯展示了 X -90 高超声速实验型巡航导弹（也被称为 AS－19 "考拉"导弹），飞行距离 3000 千米，可以携带 2 枚独立制导弹头，每枚弹头均能从距分离点 100 千米远的距离打击目标。不过，随着俄罗斯国力的衰退，2000 年之后俄罗斯高超声速发展计划鲜见报道，该领域的研究也并未转化为武器装备使用。

近年来，随着经济的复苏，俄罗斯为谋求未来军事技术优势，应对其空天防御体系面临的威胁，抗衡美军"全球快速打击系统"，进一步推进新一代战略核武器发展，全面重启并连续披露多项高超声速武器研发项目，加快发展高超声速巡航导弹、助推－滑翔飞行器和高超声速飞机等技术，且重点以高超声速助推－滑翔飞行器、高超声速巡航导弹为主。与美国主要发展常规高超声速打击武器不同，俄罗斯助推－滑翔高超声速导弹武器系统将成为其战略核打击力量的一部分，战略威慑和实战意义兼备。根据俄罗斯国防部发布的《2018～2025 年国家武器装备计划》，俄军将在 2025 年前装备高超声速武器、智能无人系统以及其他新型武器系统。2017 年 7 月，俄罗斯国防部副部长尤里·鲍里索夫在莫斯科航展上也表示，俄计划在 2020～2022 年接收一批装备，首先是高超声速航空装备，航空工业联合航空制造集团正利用高超技术开发各型的航空系统。

在高超声速助推－滑翔飞行器方面，俄罗斯在"项目 4202"武器计划下，正在研制一系列高超声速助推－滑翔飞行器。该计划的目的是为 RS－28 "萨尔玛特"下一代洲际弹道导弹研制常规或核高超声速滑翔弹头，计划于 2020 年左右服役。俄媒称，首批 20 枚弹头有望于 2020～2025 年列装。2015 年，俄罗斯从奥伦堡巴罗夫斯基导弹基地利用 SS－19 导弹发射了 Yu－71 试验飞行器；2016 年 4 月和 10 月俄罗斯在奥伦堡进行了两次 Yu－74 的战略级高超声速助推－滑翔飞行器飞行试验，搭载于 RS－18A 弹道导弹，以俄罗斯在堪察加半岛的库拉靶场为打击目标。Yu－74 飞行速度马赫数 10，是 Yu－71 的改进型，并能机动变轨，具有极强的突防能力。

在高超声速巡航导弹方面，俄罗斯在"宝石"和"布拉莫斯"超声速巡航导弹基础上研制的高超声速巡航导弹"锆石"是典型代表。"锆石"突破了动力系统关键技术，使飞行速度实现了从超声速到高超声速的跨越。与 Yu-74 不同，"锆石"导弹采用超燃冲压发动机，利用捕获的空气与自身携带燃料混合燃烧产生推力。因为不需要像常规火箭那样同时携带燃料和氧化剂，因此"锆石"导弹更轻，速度也更快。"锆石"系列可以从多种类型的发射装置和载机进行发射，如地面发射装置、舰艇、潜艇等。且"锆石"导弹将具备雷达导引头和光电传感器，即便在高超声速情况下也能跟踪和探测目标，将比传统弹道导弹更加精确，能够在一轮攻击中摧毁世界上最先进的战舰和航母，据称该导弹还可装备核弹头。"锆石"导弹能够取得突破性进展，也说明俄罗斯几十年来在超燃冲压发动机研制方面花费的精力没有白费，已具备实用能力。俄罗斯卫星通讯社称该型导弹的飞行速度能在 2.5 分钟内对 250 公里内的目标进行打击，西方现有的防空系统根本无法应对。美国海军也尤其担忧该导弹部署在俄罗斯军舰或核潜艇上，大大减少其部署防御和对抗系统的反应时间。

俄罗斯国防部为"锆石"指定的编号为 3M22，代表着俄罗斯"高超声速试验型飞行器"（HELA）的进一步发展。HELA 曾于 1995 年在莫斯科国际航空航天展览会上展出。因此"锆石"被认为是一种带翼且具有升力体构型的巡航导弹。飞行过程中，固体燃料火箭发动机将"锆石"导弹加速至超声速状态，然后第二级的超燃冲压发动机启动。据估计，"锆石"导弹飞行速度达马赫数 5~6，在较低高度的射程为 250~500 千米，在半弹道轨迹高度的射程达 740.8 千米。2016 年 3 月，俄罗斯利用陆基发射装置对海军"锆石"新型高超声速巡航导弹进行了首次试射，飞行速度达 5~6 马赫，射程约 402 千米。尤其值得关注的是，2017 年 4 月 15 日，俄罗斯官方报社——塔斯社发布消息称，一位匿名俄罗斯国防官员对其透露，俄罗斯进行了"锆石"高超声速导弹海基试射，并已确认其飞行速度达到马赫数 8，超过此前外界普遍认为的马赫数 6，预计"锆石"导弹极可能按照原计划，在 2018 年进入批量生产，2022 年随着"彼得大帝"号核动力导弹巡洋舰完成重大升级而正式进入服役。不过在 2017 年 6 月 3 日，又有报道称俄罗斯提前一年进行了"锆石"高超声速导弹系统测试，

2018 年 12 月再一次成功试射"锆石"高超声速导弹。

此外，俄罗斯与印度也正在联合研制"布拉莫斯－2"高超声速巡航导弹。"布拉莫斯－2"导弹采用与"锆石"导弹相同的超燃冲压发动机技术，据推测，该导弹速度将达到马赫数 7，射程达 600 千米，飞行高度 30～40 千米，可从水面舰艇、潜艇、地面和空中平台发射，预计于 2020 年进入测试阶段。另据 2017 年 3 月第 21 届国际航天飞机和高超声速系统与技术大会发布的相关成果，俄罗斯也正在加快进行以氢燃料超燃冲压发动机为动力的试验性乘波体飞行器试验，由格罗莫夫飞行研究院研制的 GLL－AP－02 暂定于 2018～2019 年进行飞行试验。此外，俄罗斯正在研制的第六代无人战机可在临近空间飞行，其方案将于 2025 年公布，飞行速度可达马赫数 4～5。

为了加速发展"锆石"和其他高超声速项目，俄罗斯政府合并了 Raduga 公司和 NPO Mashinostroenia 设计局两家导弹公司，由战术导弹公司（TRV）掌管。2017 年 1 月，俄罗斯前景研究基金会设计小组负责人鲍里斯·萨托夫斯基，在俄罗斯战略火箭军部队称，基金会正在落实数个有关航空弹道高超声速飞行器的科技项目，以确保未来 30～40 年的全球军事战略平衡；并指出，这对美国当前反导体系的预警、探测、跟踪、拦截等全套拦截链都提出了全新挑战，将大大削弱美国的空天地一体战略预警能力，为俄罗斯在未来美俄之间谈判中增加一个非常有效的筹码。

2018 年 3 月，普京在国情咨文中展示的一型飞行轨迹在几十千米高空、可绕过所有现代反导系统的新式超声速导弹，引起世界震惊。可判断，这一导弹飞行区域正位于临近空间。这也进一步表明俄罗斯为追求"实战性"而灵活采取了并行发展超声速与高超声速临近空间技术的务实性策略。俄罗斯"匕首"空射高超声速导弹已服役并投入战斗值班，"先锋"高超声速助推滑翔弹拟于 2019 年前服役，已投入批量生产。① 据俄媒体报道，10 架挂载"匕首"空射高超声速导弹的米格－31 战机进行试验性战斗值勤，并在 2018 年 5 月 9 日的胜利日阅兵上亮相。实际上，与"先锋"相比，"匕首"相对传统。这也表明，俄罗斯已成为首个且唯一将高超声速武器批量列装的国家，无疑在高超声速武器竞赛中占得了先机，开始展露其"非对称"作战实力的锋芒。值得关注的是，据业内专家研判，"匕首"空射高超声速导弹采取的技术路线，既非吸气式巡航，又非助推滑翔，而是另辟蹊径，基于成熟的现役截击机和陆射近程弹道导弹进行集成创新，研制成本低、周期短，作战效能高度接近高超声速助推滑翔导弹，从而成为全球最先公布完成研制并进入服役的高超声速助推滑翔导弹。② "匕首"空射高超声速导弹、"先锋"高超声速助推滑翔弹等，也将成为俄罗斯新"核三位一体"战略力量的重要平台。

三、高度重视融临近空间于一体的空天跨域攻防体系建设

面对太空军事化和美国发展空天武器的重大威胁，俄罗斯已将空天防御力量视为保障国家安全的非核战略威慑力量，加紧太空监视系统、反卫星系统、临近空间高超声速武器等新型武器装备的研制步伐。俄罗斯认为，未来战争首先从大规模的空天进攻开始。空袭与防空的作战高度主要集中在 30 千米以下的空域，相应的攻防武器发展已经比较成熟。在不远的将来，随着空间作战飞行器、临近空间助推－滑翔飞行器、临近空间吸气式高超声速飞行器的发展，来自太空

---

① 俄联邦总统普京国情咨文中称，"匕首"高超声速航空导弹系统最大飞行速度达 10 马赫，飞行距离超过 2000 千米，能够在任何飞行轨迹段进行机动，可配备核装药或者常规装药。从 2017 年 12 月 1 日起，导弹开始在南部军区机场投入试验战斗值班。"先锋"可能是俄罗斯"4202 工程"或"Yu－71"高超声速滑翔飞行器项目的新名称。普京声称，该飞行器在巡航或滑翔阶段的速度可以达到马赫数 20，并能横向或纵向机动，横向机动距离达几千千米。"先锋"系统很可能由"萨尔玛特"重型洲际弹道导弹发射。"萨尔玛特"导弹的射程据估计为 11000 千米，加上"Yu－71"据估计 9900 千米的射程，可以使"先锋"系统的打击距离超过 20000 千米。

② 廖孟豪. 俄罗斯"匕首"空射高超声速导弹综述. 中国航空报，2018 年 4 月 10 日.

及临近空间的威胁将不断加剧，目前还缺少有效的反制手段来应对这些威胁。特别是考虑到临近空间常规快速全球打击武器的威胁已经接近战略核武器水平，俄罗斯特将应对这种武器打击作为2020年前俄军装备建设的优先发展方向之一，在其新一代空天防御系统发展规划中，明确提出了拦截高超声速巡航导弹、滑翔弹头等临近空间目标任务需求，并将其作为2020年前的发展重点。

早在1999年，俄罗斯即开始论证未来复杂空天作战环境下防空武器体系构想。针对高超声速飞行器、无人机等空天进攻体系中威胁严重的环节和武器，计划运用最先进的技术研发武器系统群，构建"防空反导一体化地空导弹武器系统"，以实现与空天进攻武器之间的体系对抗能力。该系统是一个包括远程、中程、近程和超近程防空反导导弹武器的复杂系统，能够把俄罗斯正在研制的S-500以及不断升级改进的S-400等防空武器在统一的自动化指挥控制系统下以模块化的方式组合使用，从而保证俄罗斯重要目标免遭少量或大规模现代及未来空袭武器的突击。"防空反导一体化地空导弹武器系统"的发展完善，将使军事对抗的战场高度提升，扩展到临近空间及太空领域，对提高俄罗斯在复杂战场环境下防御力量的有效性具有重大意义。

目前，俄罗斯开始装备的S-400系统充分利用最新技术，将可甚至已可拦截包括隐身技术在内的气动目标，以及射程3500千米以内的弹道导弹目标、高超声速目标等武器。2017年5月24日，俄罗斯国防部长绍伊古表示，S-500系统将于2020年装备部队，以"有效遏制敌方的全球快速打击"。[①] 届时，S-500系统将不仅具备防空作战能力，还可拦截中短程导弹，以及消灭临近空间目标、执行战略反导任务。此外，俄罗斯正在研制的第六代无人战机可在临近空间飞行，其方案将于2025年公布，飞行速度可达4~5马赫。基于对太空军事斗争跨域性的认识，2015年8月1日俄罗斯已将空军与空天防御部队合并为空天军。空天军由空军、航天部队和防空反导部队组成，

---

① 《苏醒的"普罗米修斯"——俄罗斯S-500防空导弹系统发展分析》，http://mb. yidianzixun. com/article/0H26UCXc，2017-08-10。

集航空航天、防空防天于一体，具备航空、临近空间、太空轨道的作战能力，实现空天跨域作战应用。

不过，有意思的是，与美国"自相矛盾"的声调类似，俄罗斯也是在"吹嘘"高超声速武器无法被有效拦截的同时，积极开展高超声速武器防御系统研发。如俄军专家认为，现在世界上拦截高超声速导弹武器的武器还不存在，可预见的未来也不可能出现。[①] 但面对美国高超声速导弹武器技术的发展，俄罗斯也正在不遗余力地构建自己的全球空天跨域攻防体系。[②]

① 柳玉鹏，魏云峰. 俄高调披露高超音速武器. 环球时报，2015 年 6 月 30 日.

② 丰松江. 美俄反高超声速武器竞争趋紧. 解放军报，2018 年 12 月 27 日.

附件四　欧、日、澳、印等加快临近空间技术发展

除美国、俄罗斯等大国外，欧洲、日本、澳大利亚、印度等也在加快临近空间技术研发。欧洲在加快低速临近空间飞行器技术发展的同时，正在稳步推进多项高超声速空天飞行器研制和技术验证计划。日本临近空间技术研发寓军于民、以民掩军，整体水平与欧洲相当。澳大利亚低成本发展高超声速技术之优势，吸引美国、欧洲、日本等积极与其合作。印度与俄罗斯联合已突破"布拉莫斯－2"高超声速巡航导弹技术，不可小觑。

一、欧洲临近空间技术发展方式灵活

在临近空间浮空气球方面，法国是欧洲气球活动中心。法国国家空间局 CNES 将高空气球作为一种中间区域（12～45 千米）的独特科研工具，进行了大量开创性研究。法国最有特色的红外热气球，平均飞行时间 3 个星期，最长纪录 69 天，飞行高度 18～28 千米。

在临近空间飞艇方面，欧洲在大型飞艇设计、系统集成与制造领域处于世界领先水平。欧盟在 2004 年启动了一个为期三年的 CAPA-NINA 计划，研制基于临近空间飞艇的宽带移动通信载荷技术。为明确欧洲高空飞行器的发展战略，指导欧洲的所有高空飞行器（HAAS）研究活动，欧盟于 2005 年 3 月集中欧洲相关研究机构和公司，启动了"面向特殊航空航天应用的高空飞机和高空飞艇研究项目"。英国先进技术集团公司在 2000 年试飞了两种名为"天猫"（SkyCat）的临近空间飞艇，可用于战略侦察、空中预警、反水面战等。Lindstrand公司提出了 HALE 飞艇，计划飞行高度 23 千米，飞艇长度约 200 米，

滞空时间 1 ~ 3 年，最终实现成为移动电话基站的目标。法国提出实施 StratSat 稳定式无人飞艇发展计划，可完成载荷能力达 1000 公斤、执行长达 5 年的监视任务。2014 年，法国 Thales Alenia Space 公司公布了其自主攻关 7 年的 StratoBus 临近空间飞艇项目。德国斯图加特大学也正在开发飞行高度 20 千米、艇长 200 米、直径 20 米的 AirChain - 3 飞艇。该艇由多段圆柱囊体组合而成，每段气囊可以分别调节气体压力与自主平衡。

在临近空间无人机方面，2003 年英国国防科技公司 Qinetiq 启动了"西风"（Zephyr）无人机项目，并一直保持了在此领域的领先地位。2010 年 7 月 9 日，一架从美国亚利桑那州起飞的西风 - 7 无人机创造了太阳能动力飞行高度 21.6 千米并持续留空 14 天（336 小时 22 分 8 秒）的无人机飞行记录。英国国防部表示，"西风"也称为"高海拔伪卫星"，相比于传统意义上的无人机，它更像卫星，可广泛应用于军事侦察、军事通讯以及地球表面勘查等领域。英国空军特别部队（SAS）将配备"西风"无人机，用于执行追踪全球范围内的恐怖分子等任务。"西风"系列无人机目前最新构型为"西风 - S"，其基于上一构型西风 - 8 设计，"S"指该构型采用单尾布局，该型号未来将交付英国国防部使用，是唯一具备在同一块陆地或海洋上空提供持久监视或通讯能力且数周无需着陆的机型。西风 - S 将比西风 - 7 无人机性能提升 112%，即当前世界纪录平台性能的 2 倍。根据目前的配置，S 型具有 25 米翼展（西风 - 7 翼展 22.5 米），续航时间至少为 30 天，机身全重 62 千克，其中约一半为电池，有效载荷为 5 千克。

"西风"无人机于 2013 年 3 月被空中客车公司国防和空间部门收购，并形成了公司高空伪卫星（HAPS）概念的飞行器组件。空中客车公司认为，HAPS 将不会与卫星或传统的高空长航时（HALE）无人机竞争，而是形成独特的能力，如对某区域提供持续数月的季度性监测能力、遥感和类似卫星的通信能力。HAPS 的亮点是能够提供重要的全球覆盖和卫星的长航时能力，并大大降低运营成本和投入。比如，HAPS 的高度为 20 公里，执行类似功能的卫星为 600 公里，HAPS 上 1 千克的载荷，可等效于在低地球轨道卫星上 1 吨的有效载荷。HAPS 的成本也非常有吸引力，当生产率和运营需求达到确定水平时，飞行器的成本约为 100 万美元，每飞行小时的运营成本低至 100 美元。可见，尽管平台很轻，有效载荷能力很小，但其相对较低的运行高度可使其发挥类似卫星的功能。"西风"无人机于 2013 年在美国试验期间，携带战术手持无线电台升空即实现了 644 公里范围内的通信验证。

但据 2017 年 8 月《简氏周刊》报道，由于受任务载荷重量限制，正在研制试飞的西风－S 无法满足任务需要，因此空中客车公司计划开发一型翼展 33 米的更大的西风－T 平台。其中，"T"指的是其采用双尾结构。T 型无人机也将更重，达 140 千克，有效载荷 20 千克。新型号将继承使用与西风－S 相同的架构、航电设备、软件和包括按比例扩展的电源系统在内的其他系统。缩比的西风－T 已经开展初步的飞行试验，预计 2018 年将完成全尺寸建造并进行首飞，于 2019 年投入运行。T 型无人机提供的额外功能包括宽带通信和主动情报、监视和侦察，可能包括为西风－T 配备合成孔径雷达或激光雷达。可以预见，随着英国国防部、美国国防部、空客集团的大力投资和高度关注，"西风"无人机将进一步完善和升级，其军民两用能力也将在现实中广泛发挥。

此外，由欧盟资助、意大利都灵理工大学设计研制的高空长航时太阳能无人机（Heliplat），已完成缩比样机的研制。Heliplat 样机翼展 73 米，机翼面积 176 平方米，全机重 816 千克，有效载荷 100 千克，巡航速度为 71 千米/小时。该无人机采用双尾撑布局、机体大量使用复合材料，设计巡航高度 17~20 千米，航时 9 个月，能源系统由单晶硅太阳能电池和燃料电池组成，推进系统配备 8 台电动机以提高系统可靠性。

欧洲临近空间高超声速技术储备强大。总体上看，欧空局以及英国、德国、法国等都有详细周密的高超声速空天飞行器研制和技术验证计划正在稳步推进，并重视采取与俄罗斯、美国等合作的方式，以资金换技术，推进高超声速方面关键技术的突破与创新。欧空局重点围绕过渡性试验飞行器"高超声速空天飞行器"项目（IXV），验证用于可重复使用运载器的高速再入技术。IXV 项目是欧洲未来运载器准备计划（FLPP）中的关键一环。由于欧空局、意大利和法国等在高超声速飞行器热防护、飞行控制领域拥有很雄厚的技术积累，2015 年 IXV 首次试飞工作顺利，进一步验证了大气再入所需的各项关键技术性能。

欧洲及其国际合作伙伴 2018 年 10 月底开始进行、预计 2018 年年底前完成"高超声速飞行试验 – 国际合作"（Hexafly – Int）项目中一型高超声速滑翔飞行平台概念方案的评审工作。Hexafly – Int 项目计划试飞一型速度为马赫数 7 ~ 8、无动力的滑翔飞行平台缩比样机，于 2020 年进行，其远景目标是发展一种能够在 2 ~ 3 小时内从欧洲飞至亚洲和澳洲的高超声速民用飞机。Hexafly – Int 项目是欧洲"高超声速飞行试验"（Hexafly）项目的后续项目。Hexafly 项目完成了马赫数 8 级民用运输飞机的概念方案设计。Hexafly – Int 项目具体参研单位包括欧洲航天局、法国航空航天研究院、德国航空航天中心、意大利航空航天研究中心、比利时冯卡门流体动力学研究所等，合作伙伴包括俄罗斯中央空气流体力学研究院、俄罗斯中央航空发动机研究院、莫斯科物理技术学院和格洛莫夫飞行试验研究院，以及 3 所澳大利亚大学和空客、瑞士 RUAG 公司等企业。Hexafly 项目是欧洲另外两个高超声速技术研发项目——ATLLAS 项目（研究对象是马赫数 5 ~ 6 的高超声速民机）和 LAPCAT 项目（研究对象是马赫数 5 和马赫数 8 的高超声速民机）的后续项目，深化研究了 LAPCAT 项目提出的多个方案中的 MR2 方案。MR2 方案是一型设计巡航速度为马赫数 8、采用双模态亚燃/超燃冲压发动机和乘波体布局的飞机。

英国曾推出"持久稳定的高超声速飞行试验"（Shyfe）计划，目的是通过实际飞行试验来研究高超声速飞行器一体化设计方法，并验证超燃冲压发动机从马赫数 4 加速到 6 时的性能；还提出了单级入轨 Skylon 计划（"云霄塔"空天飞机），水平起飞质量 275 吨，可运送 12 吨有效载荷到地球低轨道，采用多台复合预冷组合循环发动机"佩刀"（SABRE），在马赫数 5.5 以下采用吸气式利用大气中的氧，在马赫数 5.5 ~ 25 采用火箭发动机方式。基于 SABRE 发动机衍生出

来的"弯刀"液氢预冷发动机，将作为长期推进先进技术概念研究
（LAPCAT - II）计划中马赫数 5 的民用高超声速运输机/客机的动力。
近年来，英国 BAE 系统公司 SABRE 发动机研发策略出现重大调整，
其超过 5 倍声速的设想已获得欧洲和美国专家甚至是美国空军研究实
验室（AFRL）审核，或在高超声速飞行平台领域掀起变革。2016 年
9 月中旬，AFRL 披露了两型基于"佩刀"发动机两级入轨空天飞行
器概念。BAE 系统公司还与高校联合披露了一种创新的马赫数 5 级小
型高超声速作战飞机概念构想，并重点推出一种用来快速制造这种小
型飞机的全新的制造技术概念。

德国也是从 20 世纪 80 年代初开始进行高超声速技术研究，作为
世界上较早实现马赫数 6 飞行器飞行的国家，德国在高超声速飞行器
研究领域也拥有雄厚的实力。1984 年提出"桑格尔"空天飞机概念，
并开始研究涡喷/冲压组合发动机。1988 年后，主要进行实用的超燃
冲压发动机试验研究，与俄罗斯合作，成功进行了"彩虹 D2"试验。
高超声速导弹 HFK 于 2003 年 8 月进行了第二阶段飞行试验，速度达
到马赫数 7 以上。德国高超声速尖锐前缘飞行试验（SHEFEX）计划
中，SHEFEX2 于 2012 年 6 月 22 日获得成功，为 SHEFEX3 飞行试验
铺平了道路。德国 DLR 还参加了法国的"高超声速应用研究的组合
吸气式发动机"JAPHAR 计划。

法国作为欧洲积极发展超燃冲压发动机的国家，重点把航程大于
1000 千米、高升阻比外形、巡航飞行马赫数 6 ~ 6.5、使用双模态冲
压发动机的高超声速导弹作为首选应用目标，已成功研制马赫数 7.5
的超燃冲压发动机。从上世纪 90 年代初起，法国开展了"吸气式高
超声速推进研究与技术"PREPHA 计划、"宽范围冲压发动机"WRR
计划、JAPHAR 计划、LEA 计划、"临近空间高超声速导弹"
Promethee 计划、"高空高速隐身无人侦察机"HAHV 计划等。其中，
PREPHA 计划旨在试验马赫数 8 的超燃冲压发动机，并积极探索高超
声速巡航导弹、高超声速飞机和空天飞机方案。WRR 计划研制一种
煤油燃料的变几何双模态超燃冲压发动机，可在马赫数 3 ~ 12 的范围
内工作，由 MBDA 公司和莫斯科航空学院合作研发。JAPHAR 计划研

究氢燃料定几何双模态冲压发动机。Promethee 计划以一种升力体气动布局的空地隐身巡航导弹为研究对象，采用 C/H 燃料双模态超燃冲压发动机推进，导弹长 6 米，发射质量 1700 千克，飞行马赫数 2 ~ 8。LEA 计划将对一体化的超燃冲压发动机进行实际飞行条件下的研究工作。HAHV 计划旨在研究与发展一种马赫数 6 ~ 8、巡航高度 30 ~ 35 千米、航程 2000 千米的高超声速无人侦察机，机上装有合成孔径雷达等多种侦察设备。

二、日本临近空间基础技术发展有独特优势

在高空气球方面，日本宇宙科学研究所（ISAS，现 JAXA）曾在东北海岸三陆建立了永久性的高空气球试验基地，共发放了 1000 立方米 ~ 20 万立方米高空气球 450 余个，平均每年 10 ~ 15 次。1993 年以来，日本在南极洲昭和基地建立了气球站，开展了长时间环绕南极飞行计划，发展了独特的超薄材料（3 ~ 5 微米）超高高空气球，飞行高度达到 53.7 千米（2013 年 9 月 20 日，BS13 - 08），用于轻型载荷的超高空科学探测。

日本对平流层飞艇用于环境监测、通信和广播等领域也进行了多年研究，积累了雄厚的技术基础。自 1998 年开始发展临近空间飞艇，2005 年之后逐渐由总体演示验证转向轻质高强蒙皮材料和高性能电池两大关键技术攻关。1998 年成立了国家级的平流层平台开发协会，由众多研究机构和大型企业组成，计划发射 20 个以太阳能/燃料电池为动力的临近空间飞艇平台，驻空高度 20 千米，覆盖整个日本群岛。2002 年日本 JAXA 提出了利用同温层飞艇平台作为一种伪卫星的想法。2003 年 8 月，日本完成平流层平台无动力高空飞行试验，飞行高度达 16.4 千米，在空中停留约 30 分钟。日本曾计划 2010 年完成长150 米级、飞行高度 18 千米的验证艇研制工作；在 2013 年和 2016 年分别完成长 200 米级、飞行高度 20 千米的实用艇与高级艇的研制工作。经过数年的开发研究，特别是经过平流层飞行试验和定点滞空飞行试验后，日本在临近空间飞艇方面取得了一系列成果。尤其是在临

近空间飞艇材料领域处于领先水平，美国、欧洲等临近空间飞艇关键的核心原材料大都依赖日方提供。

日本高速临近空间平台研究重点集中于关键技术攻关。受国防工业规模和水平的限制，日本寓军于民以高超声速运输机和空天飞机为目标发展高超声速技术。日本国家航天实验室（NAL）于 1987 年开始制定航天飞行研究计划，确定发展高超声速飞行技术，从事单级入轨的空天飞机概念研究，选用超燃冲压发动机/液化空气组合发动机方案，建造了 1.27 米的高超声速风洞，用于超燃冲压发动机试验，模拟速度马赫数 10。从 1995 年开始，NAL 建造了另一个高熔的激波风洞，能模拟飞行速度 4~8 千米/秒的试验。在美国的支持下，日本已完成马赫数 8 的氢燃料超燃冲压发动机缩比尺寸的地面试验。同时，日本也在继续开展用于高超声速飞机的马赫数 5 级预冷高速涡轮发动机技术研发，并披露该技术可军民两用。

日本在超燃冲压发动机研究方面取得重要突破的基础上，提出了循序渐进的超燃冲压发动机飞行演示验证计划。正在实施的 1999 年制定的高速飞行验证计划，目前进入第二阶段跨声速飞行验证，该计划的初衷是发展未来的空天飞机，但不排除利用验证技术发展高超声速巡航导弹的可能。日本 JAXA 2025 远景规划的关键目标之一，即要在 2025 年实现 2 小时内飞越太平洋。为此，2005 年，日本制定了2025 年高超声速吸气式飞行器技术成熟化发展路线图，提出了马赫数5 以上的高超声速巡航飞行器和空间进入二级入轨技术的双用途计划，将研究重点调整为空天飞机动力——火箭基组合发动机技术、大气层内高超声速飞行器动力——射流预冷发动机技术、空天快车——高超声速运输机三个方面。

2016 年日本出台《中长期技术规划》，对未来 20~30 年武器装备及关键技术发展进行了规划。该规划提出，日本当前精确打击主要依靠亚声速巡航导弹，其打击速度慢、易于被拦截，战场生存能力差，难以对敌方进行有效慑止，因此需要发展全新的高速/高超声速打击武器，满足离岛作战需求。此后两年中，日本迅速披露了多个高速/高超声速导弹的研究项目，如 2017 年首次披露的高速助推滑翔导弹项目、2018 年首次披露的高超声速巡航导弹项目，体现出高速助推滑翔导弹与高超声速巡航导弹并行发展的态势。[①] 此外，日本与欧洲联合启动了未来高速航空运输关键技术研究和创新计划，制定了 2020 年前进行超声速客机试验的技术目标和发展路线图。可以看出，日本高超声速技术研发已进入一个统一规划、全面发展的时期。

三、澳大利亚临近空间高超声速技术发展有特色

澳大利亚非常重视高超声速技术研究。20 世纪 60 年代以来，澳大利亚昆士兰大学等即开始致力于高超声速飞行技术的基础研究。60 年代初，澳大利亚空气动力学家斯托克就建设了第一个自由活塞激波管，经过不断改进，在 80 年代初建成 T3 自由活塞激波风洞，1988 年建成 T4 自由活塞激波风洞。这座风洞可以模拟飞行马赫数为 8 的高超声速飞行器的飞行环境，并开展了有关高超声速飞行器外形和超燃冲压发动机的试验研究。昆士兰大学主持了"超速射击"（HyShot）计划，参加的机构还包括澳大利亚国防科学技术组织、美国 NASA 的 Langley 研究中心、美国空军研究办公室、韩国汉城国立大学、日本国家航天实验室（NAL）、德国航空航天中心（DLR）、澳大利亚太空研究所和几家澳大利亚公司等。HyShot 采用地面发射的"小猎犬－猎户座"MK70 型火箭作为运载器，对气氢燃料的超燃冲压发动机进行飞行试验，试验马赫数 7.6，试验高度 23 千米，试验时间大约 5 秒。2001 年 10 月 30 日和 2002 年 7 月 30 日，在澳大利亚伍麦拉靶场进行的 HyShot 两次试验，标志着澳大利亚超燃冲压发动机飞行试验取得成功。

2006 年 11 月，澳大利亚高超声速国际飞行研究试验计划（HI-FiRE）正式启动，该计划的主要目标是进行高超声速技术的基础研究，偏重技术基础和低成本的特点，使得已经完成了 X－51A 这种高超声速飞行器飞行试验的美国空军研究实验室和波音公司等，仍然愿

---

① 海小鹰. 日本近期高速/高超声速导弹发展梳理. 海鹰资讯，2018 年 11 月 26 日.

意和澳大利亚进行合作研究。HIFiRE 计划是由美国空军研究实验室（AFRL）和澳大利亚国防科学技术部（DSTO）联合管理，美国 NASA、德国 DLR、英国航太系统公司（BAE）等参加，并由美国波音公司和澳大利亚昆士兰大学为主要承担单位的一项国际高超声速飞行研究试验计划。可见，整个 HIFiRE 计划是一个国际合作的计划，充分发挥了澳大利亚和美国等在高超声速技术研究方面的长处，为高超声速技术国际合作提供了宝贵经验。2016 年 5 月，HIFiRE 项目完成了 5b 轮次飞行实验，实验中飞行器达到了最大高度 278 千米，最大速度马赫数 7.5。2017 年 7 月 12 日，在澳大利亚南部武麦拉试验场成功进行了 HIFiRE 项目高超声速巡航导弹测试，其速度能达到 1.2 万千米/小时，参与导弹研制的有美国空军、澳大利亚国防部、波音公司和英国 BAE 公司以及昆士兰大学。

该项目原计划在 2018 年终止，但预计将延期，以继续开展高超声速飞行试验。波音公司首席高超声速技术专家表示，该项目将在基础科学方面提供大量有价值的飞行数据，推动高超声速实用系统的发展。比如，项目将在未来两年内继续开展高超声速安全分离、大机动滑翔飞行控制等更多飞行实验。此外，澳大利亚与美国合作开展的 HyCAUSE 高超声速飞行试验计划等，均表明以澳大利亚昆士兰大学研究团队为核心的国际研究团队，逐步走出了一条从地面试验到模型自由飞的低成本发展高超声速技术之路，已在国际竞争与合作中形成优势。

四、印度引进和自主并行推进高超声速导弹研发值得关注

为了满足未来空间任务以及导弹发展的需求，印度也开展了临近空间高速飞行器领域研究，目前正实施多项高超声速研究计划。2001 年，印度首次展出了自行设计的高超声速吸气式空天运输飞行器（AVATAR）模型，目标是研制一种小型可重复使用的空天飞机，此后虽开展了多项关键技术支撑试验，但发展较慢。印度还有可能正在

致力于一种速度超过马赫数5、打击距离大于5000千米且可重复使用的高超声速飞行器技术研发，它将实现飞行器更加出色地完成侦察/打击、全球到达以及进入太空的任务，飞行高度为30~40千米，采用亚燃/超燃双模态冲压发动机。据报道，2004年印度进行首次"Shourya"导弹地面火力试验，2008年又进行后续试验，验证了马赫数5的飞行速度、300千米的射程。2011年9月，最终配置版"Shourya"导弹从地面井发射，导弹飞行速度达到马赫数7.5，飞行距离达到700千米。据印度国防部消息，"Shourya"导弹的最近一次试射于2016年8月进行，导弹飞行高度40千米，飞行速度达马赫数7.5，飞行距离达700千米。相关官员在2018年印度国防工业展上表示，印度未来将对"Shourya"导弹进行改装以扩大其射程。[①]

为满足重复使用运载器、吸气式高超声速推进技术发展需求，2017年3月，印度空间研究组织在维克拉姆萨拉巴伊航天中心正式命名列编了两座大型风洞设施，包括1米高超声速风洞、1米高超声速激波风洞和等离子体风洞，将为其模拟高超声速飞行器气动力/热环境创造条件。另据《印度防务新闻》网站2017年3月30日报道，随着俄罗斯"锆石"高超声速巡航导弹即将进入批量生产，印度和俄罗斯合作研制的"布拉莫斯-2"高超声速巡航导弹也在稳步推进相关研究工作，已经生产出以煤油为燃料的高超声速飞行器样机，最初试验目标是实现20秒的受控持续飞行，最终目标为飞行距离1500千米。

此外，印度在高空气球方面也积累了雄厚基础，如1969年在Hyderabad建立了永久性的气球基地和国家气球研究机构，放飞了460多次高空气球，气球体积多在数十万立方米量级。总之，印度的综合国力有限，尽管难以在临近空间攻防武器研发方面形成体系优势，但印度采用的联合研制促发展的途径值得关注。

---

① 王璐菲. 快速打击：世界主要国家地面发射高超声速武器研发进展. 空天大视野，2018年7月18日.

缩略词说明

AFRL	美国空军研究实验室
BAE	英国航太系统公司
CNES	法国国家空间局
DARPA	美国国防高级研究计划局
DLR	德国航空航天中心
DSB	美国国防科学委员会
DSTO	澳大利亚国防科学技术部
ISAS	美国空间和天文研究院
JAXA	日本宇宙科学研究所
JHTO	美国联合高超声速转化办公室
JICSpOC	美国联合跨机构联盟太空作战中心
JTOH	美国高超声速联合技术办公室
JspOC	美国联合太空作战中心
MDA	美国导弹防御局
NAL	日本国家航天实验室
NASA	美国国家航空航天局
NORAD	美国北美防空联合司令部
NSDC	美国国家太空防御中心
OSD	美国国防部长办公厅
SAS	英国空军特别部队
TRV	俄罗斯战术导弹公司
A2/AD	区域拒止/反介入
AFRE	先进全速域发动机项目

AHW	先进高超声速武器
ALTA	可适应性比空气更轻气球项目
ARRMD	低成本快速反应导弹演示器计划
ATLLAS	马赫数 5 ~ 6 高超声速民机项目
AVATAR	高超声速吸气式空天运输飞行器
BOLT	高超声速飞行器边界层转捩实验项目
C4ISR	指挥、控制、通信、计算机、情报、监视、侦察
CAPANINA	基于临近空间飞艇的宽带移动通信载荷技术计划
CAV	通用航空飞行器
CHR	战术级助推 – 滑翔高超声速飞行器
CPGS	常规快速全球打击体系
CPS	常规快速打击
ETHOS	高速作战系统使能实现技术项目
FALCON	从美国本土使用和投送武器计划，"猎鹰"
FLPP	未来运载器准备计划
GPS	全球定位系统
HAA	高空飞艇项目
HAAS	高空飞行器
HAHV	高空高速隐身无人侦察机计划
HALE	高空长航时无人机
HAPS	基于临近空间飞行器的互联网、高空伪卫星
HARVE	高空侦察飞行器验证机
HAWC	高超声速吸气式武器方案
HCSW	空射型高超声速常规打击武器
HCV	高超声速巡航飞行器
HELA	高超声速试验型飞行器
Hexafly	高超声速飞行试验项目
Hexafly-Int	高超声速飞行试验国际合作项目
HIFiRE	高超声速国际飞行研究试验计划
HSSW	高超声速打击武器项目

HTV	高超声速技术载具
HyCAUSE	高超声速飞行试验计划
HyFly	高超声速飞行验证计划
HyRAX	高频次低成本高超声速飞行试验项目
Hyper-X	高超声速 X 飞行器计划
HyShot	超速射击计划
HyTech	高超声速技术计划
ISIS	探测器与结构一体化
ISR	情报、监视与侦察
IXV	高超声速空天飞行器
JAPHAR	高超声速应用研究的组合吸气式发动机计划
JICSpOC	联合跨机构联盟太空作战中心
JSpOC	联合太空作战中心
JWS	联合作战空间
LAPCAT	马赫数 5 和 8 的高超声速民机项目
LAPCAT-II	长期先进推进技术概念研究计划二期
LEA	一体化超燃冲压发动机实际飞行条件下研究计划
MANTA	高超声速侦打一体化平台项目
NAI	国家航空航天倡议
NASP	国家空天飞机计划
NHFRP	国家高超声速基础研究规划
NSDC	国家太空防御中心
OODA	观察—判断—决策—行动链
ORS	快速响应空间
PGS	快速全球打击
PREPHA	吸气式高超声速推进研究与技术计划
Promethee	临近空间高超声速导弹计划
RBCC	火箭基组合循环发动机
SABRE	复合预冷组合循环发动机，"佩刀"
SHEFEX	高超声速尖锐前缘飞行试验

Shyfe	持久稳定的高超声速飞行试验
SLV	小型固体运载火箭
Skylon	"云霄塔"空天飞机计划
TBCC	涡轮基冲压组合发动机
TBG	战术助推滑翔武器
THAAD	末段高空区域防御系统
VLS	垂直发射系统
WRR	宽范围冲压发动机计划
XS – 1	实验性航天飞机项目

后　记

国家兴亡，匹夫有责。两年前，一种莫名的力量和使命意识促使我做出进一步深造的决定——从空天技术专业跨界迈向战略学专业。希望能通过学习战略知识与实践，提升战略思维能力，从而更好地指导工作实践，为国家为社会做出更大的贡献。

时光荏苒，岁月如梭。转眼已在全军最高学府——国防大学度过两年多的时光。这段时间，说短不短，说长不长，但一定会是我人生的一个重要里程碑或转折点。因为，这段经历进一步坚定了我的思想和信仰。

回首往事，百感交集。因为在这两年中，我经历了很多，思考了很多，体会了很多。有付出就有收获！说到底，这两年使我的世界观、人生观、价值观得到了升华。而这正是决定人生格局的重要因素，所以我觉得这两年受益匪浅。感谢母校，致敬母校！

回想过去，记忆犹新。母校国防大学给我留下的处处美好历历在目。这里学术氛围深厚，人文关怀浓厚，名师大家荟萃，志同道合同仁共处，滋养了我成长的心灵、涌动的血液、报国的激情。再次感谢国防大学！在这里，我要特别感谢我的导师唐永胜教授对我的言传身教。唐教授作为国家安全战略学专家，学识渊博、功底深厚，在工作中对我严格要求，在生活中对我关爱有加，特别是他质朴无华的品格、扎实勤奋的作风、高屋建瓴的洞见、战略思维的深邃，更是深深地影响着我、启迪着我，使我明白厚实的学问、有价值的研究背后是厚重的人文底蕴和不求闻达的奉献，是置己于国家安全全局中的战略思考。唐教授是我第一次迈进国家安全战略研究征程的领路者，是我树立战略眼光和大道至简思维的塑造者，是我独立进行战略问题研究和拓展能力提升的奠基者，是我能顺利完成博士后研究报告的默默耕耘者。导师之情永不忘！感谢恩师！

知行合一，事上练！期间，我有幸参加 2 部国家战略文件起草相关工作。在专班成员的指导和帮助下，我认真学习贯彻习近平总书记一系列重要讲话指示精神和中央文件精神，深入思考和研究相关重大理论和现实问题，以理论指导实践，以实践丰富理论，提升了战略思维素养，较好地完成了相关任务。这些工作是我参加战略学博士后流动站科研工作的实战。感谢各位同仁在工作中对我的帮助和支持，使我从一名工科生顺利踏入国家安全战略研究门槛，并一起走过了一段意义非凡的时光！除了参加相关文件的起草工作外，我还在长达十多年对临近空间跟踪研究的基础上，开展了经略临近空间相关问题研究。这也是我博士后科研工作的重心，也获得了中国博士后科学基金资助。十多年的研究经历和基础也离不开原单位航天工程大学领导和团队同仁等的支持，在此一并表示感谢。

当前，世界各国对临近空间在军事、科学和经济等领域的战略价值高度重视。加强对临近空间的认知，深远经略临近空间，抢占临近空间战略制高点，已成为世界各国竞争的焦点。得临近空间者操胜算！之所以选择临近空间作为研究对象，除了对临近空间作为新型领域在大国竞争中的重大战略价值以及面向国家空天领域重大战略需求的深入思考外，更是从内心深处对临近空间这一中间层的独特地位的钟情。得中间层者得天下！"临空"观天下！临近空间就像人体的中间层——腰部一样，具有重要的承上启下作用，就像一个国家、一个社会、一个单位的中间层力量一样，向来不容忽视！临近空间，正是由于其中间层的特殊位置，可仰望天、可俯瞰地，纵观上下，横看八方！做人，也许也应该像临近空间一样，始终把自己放在中间层的位置，因为人外有人、天外有天，时刻保持一颗敬畏与谦逊之心。

兴趣是最好的老师。正是对临近空间的情有独钟，驱动着我孜孜不倦地思考和探索临近空间的理论、技术、装备、人才、应用、规则、共赢等方面的协调快速发展之道。在此，也特别感谢十多年来在我进行临近空间跟踪研究过程中信任我并为我提供指导、帮助和支持的各位同仁。当然，由于世界航空航天大国在临近空间领域还有许多并未公开的项目，临近空间领域的发展更似百舸争流日新月异。后续我仍将花更多精力持续做好临近空间国际竞合态势的跟踪与研判工作，以期为运筹临近空间的安全战略选择继续出力助力。

滴水之恩，涌泉相报。感谢航天工程大学的同事和战友们在我出外学习期间为我分担了许多繁琐的工作！感谢父母对家庭的默默付出，对我慈祥的关爱与嘱咐！感谢爱人在高强度的工作付出之外对儿女的抚育和对家庭的巨大付出！正是您们对我的殷切期盼与鼓励，给了我勇敢拼搏的力量，无论我走到哪里，您们永远是我最坚实的依靠。

路漫漫其修远兮，吾将上下而求索！